愛 美

是 門

好生意！

#獻給小資女的百萬創業寶典

Written by
王瑞揚、林沂蓁

從利他的角度出發，
發揚「共好」文化

鍾惠民

國立陽明交通大學管理學院　院長

很榮幸能為瑞揚作序，身為他的指導教授，十分肯定他從挫折中崛起的精神。瑞揚身為公司創辦人，與妻子在創業角色上彼此互補，享有共同的價值觀。兩人攜手前進，讓公司具有一定的規模與發展，近年的多角化也為公司創造附加價值，營造競爭優勢。不僅替客戶提供服務，更為事業中的重要利害關係人創造價值。

這個重要利害關係人，包括事業夥伴、核心員工、客戶，還有夫妻彼此在事業上的認知與碰撞。因為從「利他」的角度出發，開創 CEO 閱讀室與內部創業的機制，透過完整的訓練，讓公司內的每個人都能成長進步，達到每個人的利益平衡，整體企業才能向前邁進。

許多中小企業主認為，當公司還在成長茁壯時，規模尚未擴大，不需要或是無法替底下的人進行培訓，但從「窈窕佳人」的創立，我們看到瑞揚不僅做到，甚至做得很成功！由此可知，瑞揚是個很認真的企業家，在商場上也繳了不少學費。

　　將這些挫折與教訓記錄成書，從沮喪中重新調整自己，修正前進的步伐，從中建立反思的模式，在失敗中成長。這些淬鍊的心血結晶以及不畏挑戰勇往直前的精神，讓事業持續發展，也鼓勵了其他創業家與讀者跟他一起跨越障礙。

美的事業，
海闊天空

劉助

交通大學 EMBA　教授

王瑞揚與林沂蓁學長姐合寫的書即將付梓，兩位都在交大 EMBA 學習，曾參與我的「贏利模式」課程。對企業經營的簡易道理有所領悟，更能應用到實際運作，實在值得恭賀。

一個社會的經濟活動，主要包含「食衣住行，育樂康美」，所有經濟活動都是圍著這八大需求而來，「美」是其中之一。

在美的事業發展，以王瑞揚執行長與林沂蓁總監的學習和堅持，必定是海闊天空，有無止境的成長空間。在此敬賀出版成功，事業發達，企業規模更上層樓。

沒有人不喜歡美麗，愛美絕對是門好生意

任維廉

交通大學 EMBA　榮譽退休教授

　　王瑞揚執行長、林沂蓁總監是我交大 EMBA 的學生，很早就聽過他倆牽手一起去追夢、創業窈窕佳人的真實故事：從傳直銷加盟開始，嚐到開店甜頭，遇到 2008 金融風暴、負債千萬，到自創美容沙龍品牌，重新出發。很開心看到他倆整理出一路走來的寶貴經驗，相信絕對值得想創業的小資女作為創業寶典之用。

　　聽過很多人將創業過程比喻成籃球的上半場和下半場。上半場是如何區隔市場、選擇目標顧客、定位；下半場則是創新、應變、持續成長。他倆則將時間水平再拉遠來看，建議將這場球賽當作一場職業籃球，分成 4 節來打，非常值得參考。

堅持，
是成功者必備心態

陳安斌

交通大學 EMBA　前執行長

　　前些日子，瑞揚學長親自送來他所寫的書，希望我能幫他寫個序。正想著不知道怎樣下筆，忽然讀到他在書中描述「如何堅持及歷經千辛萬苦考上交大 EMBA」的心路歷程，我想那不就是我與瑞揚學長結緣的開始嗎？

　　瑞揚學長描述在交大 EMBA 連續參加 3 年考試的心路歷程，讓我無比熟悉。沒錯！文中所寫的老師不就是我嗎？尤其第 3 年，也就是 2012 年，記錯考試時間那段經歷。記得那時我已經特別注意到有這麼一號人物，連考連敗，但似乎相當堅持一定非上交大不可。那年第一堂筆試剛開始的時候，我是考試的巡堂，交大 EMBA筆試很少有人缺席，間間教室都是滿滿的社會菁英在用心參與競

爭，想擠進交大 EMBA 這一個窄門。我忽然發現某間教室出現一個空的座位，本來只是隨意瞭解一下沒來的人到底是誰？缺席的背景為何？這麼重要的考試，既然已經報名怎麼會缺席？沒想到，居然是那位我心中已有印象，特別汲汲營營，且非常用心爭取進入交大 EMBA 的考生王瑞揚。

因為他的用心，惜才的心不禁油然而生，再看一下自己的腕錶，考試時間才剛過幾分鐘，故打個電話問他現在到哪裡了，希望他抓緊時間還來得及趕上。沒想到他在電話中居然跟我講：「考試不是在下個週末嗎？我天天都把准考證放在電腦旁邊緊緊盯著，應該沒有錯呀？」這真是老天給他最大的一個玩笑，這第 3 次的 EMBA 考試又落榜了。

也因此，當瑞揚學長預備第 4 次再考交大 EMBA 的時候，我已十分肯定他堅持及鍥而不捨的精神，這應該就是一個成功者必備的心態吧！

很用心地讀完這一本《愛美是門好生意：獻給小資女的百萬創業寶典》後，佩服瑞揚學長的文筆。尤其是創業的 4 個步驟，用的是簡單易記的單字，再對每個單字進行深入的探討，構成一本非常實務的經營管理書。

對於一個希望創業的新入社會小資族，個人認為這本書真是創業起步的經營寶典。雖然我曾因交大 EMBA 執行長這一個職位，而有機會交往許多台灣企業界的成功社會菁英，然而卻很難在交往中

得以深層瞭解他們成功的經營管理模式。

　　很難得能詳細理解自己的學生瑞揚學長的創業用心，他從小資族開始從零出發，變成讓我非常佩服的成功連鎖企業經營者。我認為這本書值得很多人閱讀，尤其是有創業企圖心的小資族朋友們，可以很快瞭解到創業是怎麼一回事。

學以致用，
衔接產學的橋樑

張乃方

靜宜大學化粧品科學系　副教授

　　得知瑞揚將創業歷程的一路艱辛撰寫成書，並且即將付梓出版，我打從心裡替他高興！學術與產業其實是一體兩面，透過學術的專業知識紮根基礎，再將所學應用在產業上，讓「專業」得以發揮，是件不容易的事！

　　在學校的立場上，都會希望傳遞全方位的知識，授與學生必備的基礎能力。但每個領域都能再細分為不同專業，多數尚未就業的學生，往往不知道自己要的是什麼，因此無法在學習的歷程上善用資源。相較在職專班的從業人士，經歷過社會的淬鍊，回過頭來學習時，更能瞭解自身的不足。因此重新進修時，就能補足需加強的部分。

身為瑞揚的指導老師，我們平時交流的領域多為學術理論的內容；而瑞揚在實務上有較多經驗，能夠跟同學們分享目前相關產業的業界現況，讓大家在學術與業界的銜接上能夠具有初步概念。因此我認為這本書十分適合相關科系的同學、有意踏上美妝產業的讀者，或是想從事「美容」的創業人士。

　　瑞揚賢伉儷在書中分享了許多創業的甘苦談，讓想朝這方面發展的人能夠從中汲取經驗。希望瑞揚有機會也能跟學弟妹們分享，如何透過這本書，讓學弟妹接觸到更多創業的過程，趁此機會更瞭解產業趨勢與自己想走的方向，就能更清楚學習的目標，讓自己學以致用、事半功倍！

展現美麗智慧，
創造無限未來

朱娟宜

萬能科技大學化妝品應用與管理系　教師
萬能科大商業設計系　教師
中華職業技術學會　執行長

　　終於盼到王瑞揚執行長與林沂蓁總監賢伉儷將自我人生奮鬥與創業的寶貴經驗集結付梓，分享並嘉惠給有心從事美之行業的後輩，作為入行珍貴的指南書，實在值得慶賀！

　　二人結識、結伴成家到聯手創業，不啻為靈魂上的精神伴侶，更是事業上相輔相成的戰友。美的事業本就是一門人與人之間充分緊密溝通服務的產業。

　　王瑞揚執行長運用自我最擅長的行銷規劃與服務設計，結合林沂蓁總監的專業技術與細緻體貼特質，成功地在美容專門事業上，

開啟了一片嶄新的領域。

在本書中，詳盡提到 4 大面向：
1. 經營者：如何預備自我的身心能力。
2. 行銷者：如何運用資源拓廣業務。
3. 面對消費者：如何經營維繫與照顧。
4. 產品服務：如何創新與靈活應變。

本書內容充實、文筆流暢，緊扣業界現場實務工作內容。對於入行後輩，可以仔細瞭解與領悟美之行業的真實境地；對於創業者，在預備創業過程中，可以產生真實與飽滿的的正向能量，大大有助於創業者思維。

閱讀後，著實感到字字珠璣寶貴，實為創業指導寶典，值得大力推薦！

切身經驗，
觸動內心深處的感動

林麗惠

萬能科技大學化妝品應用與管理系
系主任／教授

　　一本好書，會啟發你埋藏的潛力、驅動你前進的助力，機會是留給願意邁開第一步的你。

　　這本書能帶給你不一樣的人生新體驗，從作者自身經歷、逆境轉勝的心路歷程、創業及經營管理分享、美容美體產業的發展、面對疫情的應變能力、危機就是轉機、激勵鬥志、努力達成目標……

　　除此之外，還有一般書籍所沒有的，13 位店長切身經驗的分享，這是一本值得細細品味的好書，能觸動你內心深處的感動，千萬別錯過了。

佳人與家人共好，
企業更上層樓

李文鴻

衛福部食藥署　化粧品 GMP 訪查委員
新北市衛生局化粧品製造工廠查核　專家學者
台北市化粧品商業同業公會　顧問
萬能科技大學化妝品應用與管理系　教師

　　窈窕佳人王瑞揚執行長與林沂蓁總監兩夫妻所合寫的書即將付梓，恭賀兩位「佳人」。

　　兩位無私公開創業歷程的寶貴經驗，值得所有想在「美的產業」發展的小資女參考，也是年輕人應閱讀的創業寶典。附錄另有各店長感言，由此證明了王執行長與林總監在書中所提的經營和管理理念：愛與分享及團隊合作的「共好文化」，親身落實並形成了窈窕「家人」企業文化。

　　書中有許多有溫度的故事，或許會讓曾創業者心有戚戚焉，而能讓想創業者少走些冤枉路，是本非常值得推薦的好書。相信堅持「共好文化」的窈窕佳人，企業規模定能更上層樓，鴻圖大展。

講好創業故事，
影響下一代人

林泓丞

導演

台南應用科技大學　教師

　　賈伯斯曾說：「世界上最有影響力的人是會講故事的人。優秀的故事講述者設計了下一代人的願景、價值觀和他們想做的事情。」

　　王瑞揚執行長與林沂蓁總監是「會講故事的人」：優秀願景、價值觀、和他們夫妻倆所做的事情，都是給下一代年輕人及創業者的優質工具書。

　　王執行長與林總監的團隊為什麼要這麼做？方式是什麼？是什麼契機讓你開始創業？目前的環境應該如何創業？團隊成員如何組

成？創新公司如何克服挑戰、成長並最終獲得成功？這些都是創辦人在講故事時需要考慮的重要因素。

　　窈窕佳人的創業是一個好故事，就像是有力的畫面情節，可以幫助小資女創業形成一個強而有力的願景。

慷慨分享，以書育才

謝維合

國立屏東科技大學時尚設計與管理系
系主任／副教授

在現今創業越來越艱難的時刻，窈窕佳人王瑞揚執行長與林沂蓁總監，將個人創業奮鬥的經驗及種種歷程出版成書，教育年輕下一代，實在難能可貴。美是一種生活、一種態度，而時尚產業則是一門很有挑戰的事業，它無所不在，也存在我們日常生活當中，很歡迎各式各樣的人才投入。

雖然有點老生常談：「貧者因書而富，富者因書而貴。」透過書中由淺入深的介紹，從公司創業及經營理念至管理概念分享，他們全都慷慨分享。危機就是轉機，創業機會永遠都在，只要肯付出及實行。很高興看到王瑞揚執行長與林沂蓁總監將此書付梓，透過書中經驗，我相信對預備走向或將從事美容美體產業之年輕朋友有極大幫助，一定可以為時尚產業招來更多生力軍，特此推薦之。

美容業與學術界
的金字招牌

甘能斌

元培醫事科技大學健管系　副教授

　　王瑞揚執行長是我在擔任元培醫事科技大學系主任期間所結識
的一位多年好友。

　　瑞揚與沂蓁這對夫妻創立「窈窕佳人」，以美麗的創造者做為
一生中所追求的事業與目標，具有前瞻性眼光及獨到見解。事業發
展，一路從人才培訓、技術精進、產品開發、品牌建立、產學合作、
到有系統的培育店長、注重員工福利及利潤共享等有利於公司營運
與競爭的措施，已在美容業、學術界樹立起令人敬佩的金字招牌。

　　欣聞王執行長決定與讀者分享他與「窈窕佳人」的奮鬥歷程，
有幸應邀寫推薦文，謹以此短文恭祝王總監身體健康、家庭美滿，
窈窕佳人事業成功。

創造團隊幸福，
打造員工美的家園

楊雅純

OMC.THBA 社團法人台灣美髮美容世界協會
監事兼技術委員

　　與林沂蓁總監相遇於頭皮護理專業課程，進而相知相惜，再認識王瑞揚執行長，請他們協助學生開啟美的築夢職業生涯，發展出最美麗的交集樂章。

　　《愛美是門好生意：獻給小資女的百萬創業寶典》一書，是王瑞揚執行長和林沂蓁總監創業窈窕佳人的真實故事。

　　從傳直銷加盟開始，嚐到初次成功的甜頭，面臨金融風暴、事業崩盤和負債千萬的困境，到重新省思自創美容沙龍品牌，突破逆

境思維重新出發。他們賢伉儷「牽手一起去追夢」、初出茅廬社會新鮮人的不畏艱難、勇敢承認和面對失敗，再到提起勇氣重新創業的精神，每個階段都讓我備感佩服。

以「家」為文化，善念經營共好價值鏈，人心管理創造團隊幸福、打造員工美的家園，此優質的經營團隊，值得美的產業效仿與學習。

夫妻同心，
能立於不敗之地

許安毅

台灣省女子美容商業同業公會聯合會
理事長

　　台灣商業團體裡有「女子美容」的業別，相關產業包括了美容、美髮、芳療、新祕、頭皮、美甲、美睫、紋繡、彩妝等，只要開店執業，都需要加入當地的商業同業公會，同業有任何問題都可以尋求商業同業公會的協助及支援，包括勞資爭議、客戶消費糾紛、店家設立時的營登申請、政府頒布產業相關政策，及店務所有相關事項。

　　這一次疫情來襲，政府給予相當多的補助，很多店家因為個人投保當地的職業工會，而直接撥款 3 萬元，但其實店家可以申請到 4 萬元補助，必須先退 3 萬元再申請 4 萬元，可是很多店家因為沒有加入當地的商業同業公會，所以都不知道，很多店家少申請了 1

萬元，非常可惜。

各縣市女子美容商業同業公會服務的範圍很廣，希望業者能夠好好運用。除此之外，很多業者也並不清楚，商業團體法第 12 條規定，執業店家必須加入當地縣市相關產業的商業同業公會，才能夠更有保障。

台灣美容產業從 50、60 年代開始盛行，早期「自然美」以耳熟能詳的「自然就是美」打響名號，後來自然美前往大陸發展、公司上市，堪稱台灣美容業的傳奇（目前已被東森集團併購），後期包括了佐登妮絲、克麗緹娜、羅麗芬等美容產業陸續上市掛牌，在在顯現台灣美容產業的強大與蓬勃發展。

從 50、60 年代的臉部美容，到 70、80 年代的瘦身美容及經絡舒壓，代表性企業包括媚登峰及最佳女主角，直到 90 年代以後盛行的醫學美容，直到現今的幹細胞，台灣的美容產業不斷升級，一直在對客戶的需求，做出最滿意的服務提升。

過去很多人常說一句話：「女人的錢最好賺。」應該說：「愛美是女人的天性。」所以，踏入這個行業絕對是正確的選擇。

當初林沂蓁總監就是做了最好的選擇，我們都很清楚，選擇比努力更重要，但是如何知道自己選擇的事業是對的呢？「選擇了之後就不要三心二意。」方法錯了，方式不對，都可以探討改進，但不要輕言放棄，才能夠得到最好的果實。林沂蓁總監做到了上列所

有事情，尤其擅長做筆記的習慣，個人認為是她成就事業的主要因素之一，從一開始獨到的眼光，選擇轉行到美容行業的勇氣，到過程中不斷地學習技術、充實學術、堅持己見，確實是位兼具智慧及勇氣的女性，今日的成功絕對不是偶然，而是歷經一次次失敗，得到教訓，所堆疊起來的成果。在窈窕佳人的創業過程當中看到了沂蓁總監的堅持，這是許多即將創業的美容產業夥伴非常好的借鏡，幫助減少失敗、少走冤枉路、增加創業成功的機會。

王瑞揚執行長是新竹市女子美容商業同業公會的理事，同時兼任台灣省女子美容商業同業公會聯合會的理事，對於產業的貢獻不遺餘力，書中談到創業期間曾經想過放棄，應該是很多創業者都曾有的經歷，而王執行長不屈不撓、不妥協、不放棄，且不斷地學習、增加知識。他特別強調不斷學習的重要性，才能夠有機會提升自己、讓自己更強大，才能夠面對一切。技術、知識的提升，雖然花費不少，卻是投資自己最好的方法。

王執行長做決定時，讓自己沒有退路，每決定一件事情必須公諸於世，告知所有親戚朋友，置之死地而後生的態度，是成功的主要因素之一，讓我相當佩服。這是給即將創業者最好的經驗分享，創業就一定要全力以赴，不容許一絲的大意與鬆懈，做不好就想辦法問，不懂就要學，成功絕對不是偶然，點點滴滴必須記錄，才是最後致勝之道。

這本書寫得非常好，特別是以下這幾點，提醒開店創業者必須注意：

1. 有積蓄不要急著開店，先穩住，觀察自身能力、條件及掌握時機。
2. 如何選擇最適合的店面及談判的技巧。
3. 有機會買房就不要租房。
4. 人員是否確定到位，而且是對的人。
5. 建議開店前，有機會嘗試著做任何一份業務工作。
6. 必須預留準備金。
7. 必須要有折舊攤提的概念。
8. 預收款的分配必須拿捏恰當。
9. 不斷地學習知識及技術。
10. 堅持己念，置之死地而後生。

即將開店執業的同業，能落實以上幾點，相信對自己的創業一定會有很大的幫助。

王瑞揚執行長及林沂蓁總監夫妻共同創業，不吝分享成功經驗，推翻了過去大多數人認為夫妻共同經營事業非常冒險的偏見，他們證實了只要夫妻同心，不斷求新、求變、學知識、學技術，堅持己見、勇往直前、絕不退縮，大家都能立於不敗之地。

謝謝王執行長及林總監將開店經驗無私分享，這是對美容業界的極大貢獻，做了最好的典範，如此愛出的大氣，勢必會得到愛返的福報。

祝福窈窕佳人美容集團事業鴻圖大展。

不斷吸收新知，才能讓創業成長

曹書強

新竹縣女子美容商業同業公會　理事長

　　有許多年輕人夢想透過創業，實現理想抱負，但很多人都忽略了，隨著時代改變，不同時期有不同的創業環境，可能也會面臨不同的問題。由王瑞揚、林沂蓁賢伉儷一同執筆的《愛美是門好生意：獻給小資女的百萬創業寶典》，對有創業夢的新創人是很好的典範！

　　我本身從事美髮業，從小店面起家，身在美容商業同業公會中，認識了許多對美業有熱忱的老闆，王執行長勇於挑戰與不怕挫折的態度，讓人印象深刻，執行長與總監夫妻二人詳細記錄了白手起家的過程，雖然一路以來一波三折，但總是可以關關難過關關過，讓同是創業者的我感到心有戚戚焉。夫妻同心，彼此就是最好

的幫手，是他們創業很好的基礎。

　　我希望想創業的年輕人一定要讀這本書，不僅可以培養未來面對挫折與挑戰的能力，更可以借鏡參考「成功的企業家怎麼度過難關」。創業的過程不可能一帆風順，有時危機也可能是更上一層樓的轉機。

　　除了這本勵志寶典，我也鼓勵創業者應該多參加社團、組織等團體，無論是獅子會、公會還是可以彼此互相交流、研習的組織，人脈是很重要的資源，切磋也是吸收資訊最快的方式，只有不斷瞭解最新趨勢，適時調整創業方向，才能讓企業持續成長，以此勉勵，共勉之。

現代成功
的寫金石

王順德

中華民國美容美髮學術暨技術世界交流協會
理事長

　　王執行長從求學到結婚、創業,所經歷的過程可謂現代成功的
寫金石。

　　務實、有創意、認真、堅守崗位、永續經營、不斷學習新知識、
永遠跟隨時代變遷、尋找適合自己生存環境,所有特質都難能可
貴,實為現代成功的好案例,值得推薦。

佳人亦是家人，
一起成長才能共好！

柯振南

悅思捷管理顧問有限公司　總經理

「實踐不屈不撓的精神，帶領佳人（家人）一同前進。」我想
是對這本《愛美是門好生意：獻給小資女的百萬創業寶典》一書的
最佳註解。

最初認識沂蓁是在勞動部勞動力發展署人才發展品質管理系統
（簡稱 TTQS）的教育訓練課程。

人才的管理與培訓，是創業很重要的一門環節，而沂蓁在「人
才培育」上花很多精神，對育成人才有很棒的觀念，這點讓我印象
深刻。拜讀這本書之後，尤其對〈內部創業〉一章十分有感。

我認為人才管理之於創業的重要性，在於「如何找到對的人」，並且「提供完善的培訓與制度」，就能讓員工與企業形成共好的公司文化。

「成功的創業家不一定是好的管理者，優秀的管理者也不一定是好的創業家。」原因在於不同身分需要具備不同特質，只有將對的人放在對的位置上，彼此團隊合作才能共同前進。

以沂蓁和瑞揚共同創業的「窈窕佳人美顏美體 SPA 生活館」為例，他們建立了完整的培訓制度，並且提供內部創業的方式，當員工將工作當成自己的事業，就會全心一同打拼。

「窈窕佳人」有一群很棒的店長，而沂蓁與瑞揚也願意放手讓店長發揮，所有的事情亦親力親為，對待員工就像家人一樣。他們

重視員工訓練以及共同成長的部分，正是不同於其他同業的優勢。

這本書不僅揭露了兩位作者的創業歷程與成功祕訣，我認為更重要的是他們對於「創業」的堅持與毅力。

「創業」很吸引人，但創業的圈子有個很有名的數字魔咒——3589，這個魔咒的意思是「創業 3 年的公司，有 80% 會倒閉；5 年的公司，90% 會撐不下去。」只有一成的人，能夠邁向成功之道，這也說明了創業的艱辛。

許多想創業的人，可能遇到困難就會退縮，面臨挑戰就選擇放棄。但創業者，首先該具備的就是不屈不撓的態度，這正是這本書傳達的精神。

作者將經歷過的挫折與失敗，箇中精髓都不避諱地撰寫在書中，不僅是美業，而是各行各業都能借鏡的心路歷程，我想這本書可以鼓勵許多讀者，閱讀後都能有所啟發。

最後，我想勉勵兩位作者，目前「窈窕佳人」主要在桃竹苗地區，期待他們可以逐步拓展規模，成為具有鑑別度的全國品牌，持續落實「共好」的企業文化，就能發展得更好！

創業成功的決勝點，取決於心

Alvin Loh

馬來西亞美博總商會　全國總會長

孫子兵法：「故善戰者，立於不敗之地，而不失敵之敗也。是故，勝兵先勝而後求戰，敗兵先戰而後求勝。」其中「先勝而後戰」，延伸至商場上便是描述：你要先有對的心態，將自己準備好，才能戰無不克，成為成功的企業家。這個特質，在作者王瑞揚執行長身上展現得淋漓盡致！

最初我是先認識另一位作者林沂蓁總監，因為馬來西亞美博總商會的商務而結緣。我覺得王執行長是一個很坦白、很真誠的人，也是真正的企業家。許多人創業時只想單純地做生意，但人與人之間的合作，應該站在對方的立場來思考，理解需求才能解決問題，替彼此創造雙贏。經商最重要的是「人」，以人為本，才能帶領企業前進。

拜讀這本大作之後，我認為這本書完全名符其實，真的可以稱得上創業者的寶典！書裡有許多創業家實際會碰到的困難以及應變之道。對想創業的人，尤其是在美業領域，研讀這本書，可以少走許多冤枉路。裡面的每一章節，都是兩位作者遭遇挫折的過程，能夠將這些心路歷程分享出來，是件不容易的事。

　　最讓我感動的是，這兩年因為疫情，大環境遭受史無前例的改變，當許多人手足無措，不知道這波疫情何時才會結束時，王執行長選擇攻讀 EMBA，讓自己重新學習！現代有很多大老闆或是位在高層的人，很難反思自己，無法從自己身上找出問題點。但當環境改變或是時代推進，我們的創業不符合市場需求時，更應該回歸到自己本身、從自身去調整，以因應環境的轉變。改變環境或是教育他人是困難的，修正自己才是最快、最有效率的方式。

　　我始終認為，心態是一切的根本。想自行創業或是剛踏進創業圈的讀者，都該抱持一個認知：「創業是一輩子的事！」將創業視為志業，才會傾盡全力而非短期投資，心態對了，事業就不僅是志業，甚至是一種社會責任。所以如果你想創業，甚至朝美業發展，那就閱讀這本書吧！如果你把它當成成功人士的自傳，就只是一本勵志的故事；但如果你願意把它當成帶領你創業的導師，那它就是一本指南寶典，可以用來檢視自己在創業的途中走得是否正確。

　　藉由這本書，看成功的老師走過哪些路。但切記，不能全部跟著走。因為每個人都有不同經歷，可能會面臨不同挑戰。他成功的方式，未必適合你，但可以重新省思，自己是否有其他的解決之道？只要找到適合自己的方法，就能事半功倍！

勇者永遠是少數，
成功創業應堅持

梁淑貞

桃園市第二專長發展協會　理事長

　　從事美容行業及教育多年，開始時擔任美容業的技術與經營職務，而後轉戰教育，進而到大學任教。結合專業與教育的「桃園市第二專長發展協會」於 2014 年成立，我擔任理事長一職迄今，以促進「美容美學」、「藝術設計」、「人力資源」、「生活應用」等產業之推廣應用，進而培養本國人民之第二專長為設立宗旨。

　　從事美容行業 30 餘年，與沂蓁總監當初邁入美容產業的心路歷程頗為相似，皆是基於自己愛美的心態，且對美容業有濃厚興趣。我高中放學後到美容院當學徒，23、24 歲選擇成立個人美容工作室。台灣經濟研究院前副院長龔明鑫認為：「從大方向找尋創業類別時，女性創業者最好以興趣為依歸。」從興趣開始尋求創業

的好商業，是女性創業最應遵守的第一步。因為自己日常生活所關切與喜歡的議題，往往最能燃燒創業的熱情，讓創業者能夠全心投入。現今我仍舊對美容相關產業抱持著高度的熱情，且透過不斷進修成就了現在的事業，興趣能與事業相結合是件非常幸運的事情。

根據 2008 年李靜采於〈女性創業指南〉一文中指出：「建議女性朋友透過不斷地以『2 How 3 Why』問自己，認真做紀錄與誠實找答案，如此就可以降低創業的風險。」

首先，當腦中盤旋創業的想法時，一定得先問問自己 Why This ？為什麼選擇這樣的創業模式，妳想賣的商品或服務內容，對顧客有何「顯著的利益」？這項商品或服務具備「值得信賴的實際理由」嗎？或是與別人相較有「明顯的差異性」？如果答案都是正面的，那妳成功的機率就比較高。

在摸索的過程中，也別忘了不斷地詢問自己，為什麼要選這個行業？在投入創業前，我們必須釐清自身的心態，不同的心態會產生不同的經營策略與效益。當我們經過為什麼創業的辨證後，第二個該持續不斷問自己的是 Why You ？為什麼是妳？妳有什麼比別人強的競爭優勢？如何與市場做區隔？在這整個過程中，妳都得不停地做紀錄，不斷反問自己，直到自認為是「非我莫屬」的不二人選為止。第三個是 Why Not ？為什麼不做呢？創業最艱難的事，要有一股不畏艱辛、無論如何都要完成的勇氣。從過去的創業輔導案例發現，放棄創業夢想的人總是比真正創業的多，這證明了勇者永遠是少數！

　　這本書集結了窈窕佳人王瑞揚執行長與林沂蓁總監創業奮鬥的種種歷程,從決定選擇美容業、創業後遇到的店面經營、人員管理等等問題,在本書中皆有詳盡敍述,閱讀此書時,曾親身經歷創業過程的本人亦心有戚戚焉。

　　很高興看到此書付梓,拜讀此書將受益匪淺,相信此書豐富的內容將會給從事或即將從事美容美體產業之從業人員極大的啟示,特此推薦之。

要成功，
必須跟在成功者旁邊

楊菁菁

新竹市指甲彩繪職業工會 理事長

　　很高興接到王瑞揚執行長的邀約，和我分享他們的新書。王瑞揚執行長及林沂蓁總監是我認識多年的好朋友，夫妻兩人在美容業界的付出及貢獻真的只能豎起大拇指，除了讚就是讚讚讚啦！兩人創立窈窕佳人品牌，極受大眾愛美人士好評盛讚，不只幫助女性朋友變美，也創造了更多就業，及小額投資就可以自己當老闆的夢想實現機會。

　　目前大環境不景氣及全球疫情影響期間，他們無私地將寶貴經驗出書，是兩人的喜訊，更是美容界的福音，我相信絕對值得讓想創業當老闆的小資女，作為一開始就成功的創業寶典。

　　此書章節來看,「創業 STEP1 ～ 4」說明了經營者所要注意的重點及心聲,並精細地指出成功模式,有了這一本好書,能讓創業者減少摸索期,增進成功經驗。

　　總而言之:「沒有人不喜歡美麗,沒有人不喜歡成功與。」人們常說:「要成功,必須跟在成功者的旁邊;要有錢,必須要學會有錢人模式。」

　　《愛美是門好生意:獻給小資女的百萬創業寶典》這一本好書,值得您仔細慢慢去品嚐其中的賺錢魔力。

不只是生意，是愛和夢想的事業

吳彥衡

苗栗縣卓爾會　代表

　　愛美是所有人的天性，欣賞美的人事物則讓人身心愉快，從孩童到鶴髮長者皆是。

　　讀完王瑞揚執行長與林沂蓁總監的合著，誘發了我的思緒與換位思考，從夫妻攜手創業成功，到經歷金融海嘯導致負債千萬，還能臥薪嘗膽抓準機會並一飛衝天，在愛美事業中屢創佳績，他們夫妻倆的成功絕非偶然。除了夫妻同心、刻苦自力、不斷學習與創新之外，在招募幹部、留住人才與培育人才的扎實執行下，更是讓分店如雨後春筍般的展開。

　　我們能感受到他們在做的不是生意，是愛的事業與流動，讓每個人都擁有勇敢追美、追夢想的舞台。

　　相信的人則有機會，認真的人改變自己，堅持的人改變命運，感恩的人帶來福報。

　　祝福王瑞揚與林沂蓁老師的愛美事業，業績輝煌，並幫助及改變更多的人與社會。

美業經營的禮物，
經驗傳承的百科

秦輝梅

沐恩經典學 SPA　執行長
賽斯身心靈診所　實習心理師

很榮幸且開心接受窈窕佳人執行長及總監的邀請，撰寫這篇推薦序。

邀我寫推薦文，雖明白是件難度頗高的事，可又覺得這本書太重要了，對我意義重大，而王執行長又是我敬佩的領導者，只思考片刻就答應了。接下來的日子，心心念念如何完成我的「推薦」任務，卻遲遲無法下筆。後來才想通，王執行長的書，特別是在台灣美容領域裡，其實根本不必推薦，這本書必然暢銷呀！

我和窈窕佳人的連結在於：一直持續精進的執行長賢伉儷是我

人生道路上的良師益友，也是貴人。

　　夫妻兩人非常優秀和 Nice，緣起是 2014 年，我在廣播頻道聽到窈窕佳人執行長接受採訪，聽了他們的企業文化很有感，有種很深的連結，理念很棒且打動我的內心。於是我主動邀約，我們夫妻結伴前往總部拜訪王執行長和沂蓁總監。

　　執行長與總監賢伉儷熱情溫暖的笑容，讓我們夫妻印象非常深刻。伉儷情深且無私大氣，初次見面，卻不吝於跟我們分享創業歷程和公司文化、公司經營脈絡等豐富經驗。

那次的請益，讓我在美容這條路上受益良多、收穫滿滿，深感這是值得我學習的一個幸福產業，點點滴滴感恩在心。

　　我撰寫論文《美容 SPA：內部創業》時，再次訪問王執行長，無論何時，只要請教他們，夫婦兩人總是熱情真誠地分享，我也一直用心去看去感覺。

　　王執行長夫婦是美業領導品牌的首席，當我得知兩人執筆的美容界工具書即將誕生，此時此刻的心情驚喜欲狂。

　　這是美容人美容業的一大福音，我對這本書懸懸而望，不只美業需要，更是人人必備，這是一本人生歷程學習的心靈勵志好書。

愛美天性
經營成連鎖企業

傅明義

交大 EMBA　16e

　　班上同學臥虎藏龍，當中有個特別「美」的，他自我介紹道：「我是靠臉吃飯的。」這就是我們班上最美（皮膚最好）的男子漢：瑞揚學長。

　　把愛美天性經營成連鎖企業，瑞揚學長大方分享訣竅，用幽默風趣有笑有淚的小故事串連。從入門建立心態、經營管理實務操作到建立窈窕佳人的品牌形象與文化，讓讀者輕鬆閱覽之際，更獲得深度啟發。

　　誠心向各位推薦這本有趣實用的另類工具故事書。

美業發展
的康莊大道

周怡君
KIKI CHOU

夢芙美型學院　執行長
《女力！微型創業必修心法》　作者

　　很榮幸因為《女力！微型創業必修心法：投入小資本，創造屬於自己的事業版圖》一書，與王瑞陽與林沂蓁老師結緣。

　　同在相關產業裡，我真切地從本書中看見最真實且實務的經驗，感謝王瑞揚執行長與林沂蓁總監的無私分享，讓所有致力於美業發展的人，都能走出一條康莊大道！

翻開書頁，找到自己的成功密碼

呂敏惠

三立電視臺　主播

每個人的成功，都有一份想望，但不是人人都能達成。

瑞揚執行長與沂蓁總監的創業故事告訴我們：人人都有機會創業，而創業成功的要素是什麼？答案就在書中。

翻開書頁展開的世界，不只是愉快的閱讀之旅，更希望讀者能從中找到「屬於自己的成功密碼」。

享受生命，
都是最好的安排

莊志輝

藝術家

　　搶先讀完這本書，我覺得這對夫妻充滿了冒險精神，遇到任何困難，都有著屹立不拔的態度；更讓人感動的是，他們的身心靈都投入其中，努力創造價值，其中傳遞的「利他」精神，更是難能可貴。

　　作者沂蓁是我的畫畫學生，沒想到這次能從她的著作中，參與她創業的心路歷程。她一直是個很認真的學生，保持良好的態度與心態，去接納各種事情。繪畫這件事，是將內心的渴望與想像呈現在畫作中，每一筆都是畫者本身的所思所想，在作畫的過程中，引導出內心的畫面。

　　從沂蓁的作品裡，我看到她的心中充滿了美好與創意，而她也真的創業了與美有關的事業，互相呼應，我很替她開心。

　　有時候人的記憶是很容易遺忘的，沂蓁透過文字書寫，記錄下這段創業的歷程，不僅替自己刻劃生命中的重要軌跡，也能將這段過程分享給想創業或是從事美業的人，幫助同樣面臨挑戰的讀者，這亦是種利己也利他的態度。

　　我認為成功的條件，便是取決於態度，不管是過去、現在或未來，都亦然。每個階段都是最好的安排，享受生命給你的歷練與挑戰，過好每一個當下，就能成就更好的自己！

第十八梯小野雁開訓典禮

. 作 者 序 .

感謝17年前的自己 勇敢許願，美夢成真

王瑞揚 執行長

　　從小就不愛讀書，視讀書為一門苦差事的我，只因愛玩不想早當兵，又受好友持續升學的激勵，才勉強考取二專、插班大學，直到退伍之前才真正愛上讀書。出了社會創業後，體會到自己的匱乏，進而求知若渴，真切地明白知識能讓自己免於走冤枉路，開始將市面上近乎所有美容相關的書籍都買回家仔細研讀……

　　感謝有前人無私的分享，將畢生鑽研累積的知識經驗躍然紙上，造冊成書；當年的我們，受到前人的啟發，透過閱讀學習進化，而今會有這本書，也正因當時的自己許下了心願——「我也要出書助人。」多年來在創業的路上過關斬將，經歷無數挫折，持續努力；至今我們終於也有機會將親身經歷學到的知識經驗回饋社會，同樣透過書籍文字的世代傳承，分享給更多年輕的朋友們。

每每總有年輕朋友前來徵詢我們創業的經驗談,透過分享與交流,彼此教學相長。創業能否成功,需要天時、地利、人和,但我認為最大的挑戰是:「勇敢踏出冒險的第一步!」我也常跟人分享:「做自己有興趣的工作才會成功。」然而現實往往事與願違;這時,轉換心態更為重要!只要能將眼前的工作盡力做好、做出價值來,一樣可以成就自己。

　　這兩年台灣的服務業在疫情影響之下,整體而言相對弱勢,尤其近年物價飛漲,傳統產業及電子業搶人大戰,美容從業人員的招募相形更加困難……我常與夥伴們分享:美容專業人員的薪資待遇

勢必要跟上歐美，不能走低價策略削價競爭，毛利率低的結果將導致人才流失，自然無法提升服務品質。

　　本書蒐羅我們親赴各大專院校演講的心得與內容，以及窈窕佳人多年以來推動的新人教育訓練 SOP、企業文化、經營實務等等，透過圖片影像及文字詳加彙整，有脈絡的呈現出來，因此本書對我們品牌而言，也是一個紀錄分享與傳承。

　　期許此書能成為一本美容從業人員身邊最實用的工具書，更希望能藉由本書的出版，在美容這條路上找到更多志同道合的夥伴。

　　這幾年，我在社群媒體也逐漸吸引了一些關注，很多好友問我難不成想當網紅？我都笑稱自己是「還沒紅的網紅」。每天我期許自己更進步，逐漸累積自己的影響力，希望將我們一路走來所學習體驗到的，與更多人分享。

　　這本書的誕生是我們創業以來諸多作品的累積，受疫情影響，此書的出版延遲了將近一年，但這也許是老天爺最好的安排。謝謝出版社匠心文創一路陪伴我們成長。同時感謝 17 年前的自己勇敢許願，美夢成真。

　　未來第 2 本、第 3 本書的出版企畫已然成型：第 2 本書《職場厚黑學（暫定書名）》想綜合這些年的實務經驗，分享在職場裡對上、對中、對下的種種不同的厚黑哲學，有句話說得好「搞好關係，

就沒關係」，做人稍微懂一點「厚黑」不僅可以平步青雲，還會受人愛戴。

第 3 本書《命裡有時終須有，命裡無時莫強求（暫定書名）》，將分享我這半輩子遇到的「怪力亂神」用科學的角度解釋，我們該如何趨吉避凶。

沂蓁總監常說：「人助，自助，助人！」這是我們的中心思想，我相信持續的分享，不僅會讓自己的人生留下軌跡，也能為支持我們的讀者，帶來一些啟發與收穫！

美麗使命感

願以我的生命經驗，為你開創美好的事業藍圖

林沂蓁 教育總監

「生命的價值，在利於他人。」

從小我就是個害羞、內向、膽小、沒有自信的女孩子，一上台就哭。因為自己從國中起就深受痘痘肌所困擾，出社會後本想改善自己的問題而因緣際會接觸了美容產業。因此，對於愛美女性的肌膚問題，我感同身受，因為自己的切身之痛讓我找到自己的美麗使命感，相信自己這樣的經歷能夠幫助他人。

在接觸美容事業後，時常要開口與人交談，為此我曾恐懼到顏面神經受傷，但老師卻告訴我：「唯有勇敢面對恐懼，恐懼才會自然消失。」正當我鼓起勇氣上台說話後，我發現，只要每天能將「複雜的事情簡單做，簡單的事情重複做」，漸漸地你自然就會成為專家。

　　只要每次多勇敢一點點，害怕就會減少一些些，長此以往讓我逐漸相信：「因為我能，所以我無所不能。」只要願意去做別人不肯做、不敢做的事，天下就沒有辦不到的事。

　　感謝老師給我機會學習美容，才有今日的我；更感謝當年的自己願意改變，在機會來臨時勇於把握，毅然辭去穩定的行政工作，選擇未知的美容領域並自行創業。

　　這一路走來跌跌撞撞，難免辛苦，還好有親密戰友瑞揚執行長的支持與鼓勵。這正印證了「一個女人能夠把事業做好，再加上一個男人就能把事業做大——夫妻同心，泥土變黃金」的說法。

　　將痛苦昇華為使命感，挫折也將變成養分。業務性質的工作，

難免遇到壓力挫折，但害怕壓力的人，天生是奴才命。這麼多年下來，我發現，就是因為這些挫折讓我的創業之路變得豐盛，我越來越懂得享受過程、感謝挫折、面對壓力，因為待事業有成、苦盡甘來的那一刻回頭看時就會發現：挫折正是最精彩的篇章，挫折是老師，是成功的基石，不要害怕面對它，正面迎戰，它自然會消失。

因為我始終相信：「所有美好的事情，都會發生在我身上。」這是我常存心中的信念，懷抱著這樣的信念，這份美容事業我們經營了 23 年，藉由無私地分享個人經驗，傳承知識與技能給同樣對美麗事業有熱忱的年輕朋友，繞過我們曾走過的失敗，快速達到目的地，更快找到成功。我不捨得後輩跟我一樣辛苦，最好是青出於藍，我願種樹供後人乘涼。

我期許自己能夠像台積電張忠謀的夫人張淑芬，致力推廣技職教育數年如一日，我願能培育更多美容產業的人才，栽培更多的創業家，邊工作、邊賺錢、邊享受人生，過著工作生活平衡的日子，從興趣中發展事業，培養生活美感，成為時間自由的造夢者。

曾經，我是個手心向上的人，希求他人的幫助。經過多年的努力靠自己學習打拼，現在，我非常樂於當一個手心向下的人，在創新的路上也同時傳承，提攜每一位想要從事美麗事業的朋友，在心中種下一顆希望的種子。

「人助、自助、助人。」這是我從業以來的中心思想，始終不曾改變。

目　錄

.作者序.

.ONE. 牽手一起去追夢

.TWO. 經營和管理

Chapter
.ONE.
牽手一起去追夢

求學歷程
與校園初遇

🌿 王瑞揚執行長：

　　想學就能學好，另類學霸。

　　從小我就是個十分害羞、甚至是個經常被霸凌的小孩，由於腦筋開竅得晚，常常不懂得變通。在就讀岡山農工時，還曾考過全班最後一名；當時化工科的系主任是我的堂哥，大概是因為面子掛不住，就對我說：「你成績這麼差，不如午休不要睡覺，來辦公室好好唸書。」於是我有一整個學期都沒有午休，只能待在系辦發呆（是一段有點孤獨與自戀的少年時期）。

　　因為爸爸出社會就學習做金飾學徒，後來在鄉下地方開了一間銀樓，小時候家裡還算富裕，父母親怕我們在外面使壞，我們很小

就有自己的任天堂，國中就有撞球檯，高中到大學摩托車換了兩臺，從 50CC 的小綿羊換到 135CC 的追風，大學二年級跟爸爸開口，買了一臺 4 萬塊的 486 電腦和 FM2 單眼相機，生活算是衣食無缺，但是，大概是個性的關係，在整個求學過程，我還是到處打工體驗生活，做過工廠、工地甚至是 KTV 小弟，這些經歷後來都變成出社會後很好的經驗。

　　高中時最大的收穫，大概是寒暑假和幾位朋友參加了很多自強活動，舉凡戰鬥營、野營隊、滑雪、帆船、土風舞、國標舞、飛行傘等等。突然覺得讀書上學這件事情，除了考試以外，生活是沒有太多壓力而且開心的，並且讓我意識到要好好珍惜。就在高三即將畢業時，我突然意識到，畢業之後就得開始工作或是去當兵，這讓我感到有些抗拒，因此我花了整整 3 個月的時間，完全不和外界的

▲ 學生時期童軍團合照。

人事物接觸，關起門來默默讀書。我用了 3 個月的時間把高中 3 年的書硬背進腦袋裡，最後考上了當時風評還不錯的桃園私立南亞工專（南亞科技大學），跌破很多人的眼鏡；也因為這樣的經歷，所以我一直相信，當你真的想讀書的時候是不需要任何人鞭策的。

南亞工專的那段日子是我最快樂的求學時光。因為當時的我都在玩社團、童軍團和營隊，大大小小的社團活動和接觸的營隊，兩年之間就有七八十場，所以翹課是常有的事，學業成績都是低空飛過。但是**畢業的時候因為累積了不少的嘉獎、小功，操行成績還破表，最後認識了我的太太（20 歲才正式交往）。**每次的活動，我都是擔任活動組的工作，也許我的組織能力是在那時培養出來的，所以我深信，愛玩的孩子頭腦會比較靈光，只要走上對的路，交到對的朋友，前途自然光明，我大概是那個時期腦洞大開的。

當二專即將畢業，我實在捨不得去當兵，畢竟求學時光真的太好玩了，所以我選擇延畢；幾年後看到新聞節目在討論，現在的年輕人為了不想太早出社會因此選擇繼續讀書，我在想我們那個時代也是如此。既然延畢，我也就不打算跟家裡拿錢過生活了。我選擇跑去桃園的滾石 KTV 打工，一個月可以賺 4 ～ 5 萬元，雖然底薪只有 1 萬出頭，但當時小費文化盛行，只要服務得好，都能拿到客人給的百元鈔票小費，累積下來，每天都能收到 1000 元上下的小費，聽說有小姐陪侍的酒店可以拿到更多小費。

工作了半年之後，我不想繼續過著日夜顛倒的生活，就跑去中壢火車站前的補習班當行政人員，同時又讀了半年書，一樣的，硬

▲ 我們的少年少女時代。

把荒廢了兩年的學業裝進腦袋，順利插大考上國立屏東技術學院
（屏東科技大學）。當時南亞工專化工科裡全校只有兩個人考上，
學校還在最明顯的牆壁上，為我們貼上大大的紅紙恭賀。當時網路
並不發達，我還記得爸爸開車帶我到屏東技術學院門口看榜單的情
形。我這樣一個鄉下地方的孩子能夠考上國立大學，爸媽應該是很
有面子的。

　　就在我還在求學的同時，我太太林沂蓁已經踏入社會工作 3 年
了，等到我在屏東服完兩年的兵役且出社會後，她已經工作了 5
年，這 5 年來，都是我在花她的錢。她的主管和老闆都笑她傻，我
們倆交往期間，一個在新竹，一個在屏東，遠距離談戀愛，1 個月

只能見 1 次面。有一次，我們去阿里山玩了 2 天 1 夜，光那一趟就花掉了她 1 個月的薪水。在那個相對單純的年代，麵包與愛情之間好像不存在太多選擇……

考上屏東技術學院之後，我玩得更瘋了，不僅玩學生會、社團，各社團有活動主持之類的需求都會找我，那段時間我成了校園裡的風雲人物，同學只要一邀約，學校附近的景點像是墾丁就不知道去了幾次。還有一次難忘的經驗，是我們一群人跑到需要入山證的山上裸泳，現在回想起來，不禁感嘆「青春真好」。

在屏東技術學院的兩年，我的成績還是都低空飛過，捨不得即將畢業，便去考中山大學環境工程研究所。但這次就沒有那麼幸運了，名落孫山之後，只好乖乖的去當兵。

▲ 屏東技術學院求學時期。

　　男生當兵真的可以變成男人，那個時期當兵訓練操課，身體的勞累是一回事，但可以跟同梯的夥伴建立革命情感。下部隊之後才知道什麼叫學長學弟制，大你一兩梯次，小你幾歲的學長，可以命令你做任何事情，那是一個很不合理的事情，但也是心靈成長最大的考驗。有一回偷偷打電話回家訴苦，講不到兩句話眼淚就掉下來了，講不出話來，只好說：沒事沒事。就把電話掛斷了。

　　因為我當的是文書兵，最大的收穫就是做計劃、整理文件報表，還要應付軍中的政治生態，人性的醜惡與善良看多了，何嘗不是最好的成長？在退伍前夕有兩件事情改變了我一生。

　　第一件事情，因為學長學弟制的關係，當你破冬（剩1年退伍）的時候，就是軍旅生活熬出頭的時候，過了這個分水嶺後什麼事都交給學弟做，時間會多出很多很多，無聊之際就把連上中山堂的書本拿起來閱讀，這是我第一次真正愛上閱讀，原來書中有那麼多吸引我的地方。以前教條式的求學耽誤了我，倘若可以重來，其實我可以表現得更好。

　　第二件事情，當時的傳直銷非常流行，許多軍官們也樂此不疲。我的直屬長官要帶我出營區上課，我當然二話不說就跟著去了。這是我第一次接觸傳直銷，也是開啟我對生活慾望的起點。記得上完激勵課程回到軍中的那一個晚上，半夜擔任連上安全士官的兩個小時，我興奮不已，不斷勾勒自己美好的未來。

　　我開始接受大大小小的傳直銷訓練時，一直到找到第一份正式

的工作前，花了相當多的學費。在這些過程當中對我最大的影響，就是瞭解該如何激勵別人、如何辦教育訓練，年輕人的野心就是被這些課程養大的。但是結論是非常殘酷的，幾乎沒有人能在這個產業持續的賺錢，成功總是曇花一現。

 林沂蓁教育總監：

學商、學紡織，擅長筆記的學生。

我高中學商，專科念紡織科，畢業後就到華隆紡織當書記，主要處理該科的行政事務，包含請假登錄、會議報告、製作報表等。

也因為在華隆紡織的職場訓練，讓我擅長作筆記、表格。剛創業時期，我很有耐心，一個一個地教育新人，廢時耗神，先生建議我把要傳授的資訊圖像化、文字化，甚至是影像化，不要這麼累，既能增進新進人員的學習吸收效率，也能將知識不斷傳承。所以，《101年的美容產業作業標準規範》一書作為所有分店所使用的作業標準書，都是出自我的筆記內容。

尤其是美容事業的新人，一開始都是透過「模仿學習」，早期的美容老師都是用講的，學員不擅長寫筆記，只能照著動作做，越做越熟練，但我卻能把所有的美容動作一一化成文字，就連全國金牌服務品質認證的稽核單位都誇讚我們，認為我們應該要申請特優獎才對。

　　這些肯定與支持，其實要感謝初入社會時有系統的資料整理經驗，人生果然沒有白走的路。

▲ 有系統的資料整理經驗對美容創業幫助很大。

初出茅廬
的社會新鮮人

 王瑞揚執行長：

當兵、第一份傳直銷工作、第一份科技
業工作、轉到保險業增進業務能力

　　退伍之後，我就開始接觸傳銷，晉升下士時的月薪是 1.2 萬元
（當時的阿兵哥月薪是 5000 元），我爸那時還跟我說，如果我當
兵期間沒有花到他的錢，退伍之後，他會給我 10 萬元。甚至在當
兵的最後那年，我還每個月拿 5000 元給我爸去跟會，然後休假的
時候大多都是花女友的錢，因此整個當兵的過程中，我總共存到了
7 萬元，鄉下孩子是很節儉的。

　　出社會後，我爸真的給了我 10 萬元，我拿著這 10 萬元到了一

間小傳銷公司，很快就把錢花掉了……在高雄的 2 個多月時間，都沒有找到像樣的工作，印證了政治人物說的高雄無法發財，只能選擇北漂。於是我跑去新竹投靠女朋友，並在新竹當地尋找工作機會。環境工程系畢業的我向新竹科學園區投遞履歷，沒想到相當順利，馬上就得到主管的回覆。

　　我的第一份正式工作就是新竹科學園區的工程師。我還記得從高雄準備坐車北上的時候，媽媽塞了 2 萬塊給我，可是現在回想起來，光是租一間要爬五樓的小套房就要 5000 元，押金要 2 個月，再加上生活用品的開銷，2 萬元一下就花光光了，所以剛出社會的我相當的節儉。在科學園區準時下班是很奇怪的事情，所以我都會傍晚 6 點以後才下班，不過還有一個重要原因，因為一到傍晚 6 點，公司會發一個便當，這樣一來連吃飯錢都省了。

▲ 當兵時期。

▲ 人生第一輛 10 萬元的中古車。

　　民國 86 年底,我領到的第一份薪水是 2.8 萬元。你想想看,23 年前我就有 28K 了耶!隨便加個班月薪就有 30K 以上,真是人人稱羨。但這份工作只做了半年,我就被課長給 fired,這對我的人生來說,實在是一個不小的打擊。

　　我自認在學校是個風雲人物,組織能力和做事態度都不差,怎麼在科技業卻是如此適應不良?每天光是看那些冷冰冰的產品、計算良率,常常對主管的問話招架不住……其實我很想離開,課長也看在眼裡。有一天他就把我叫去,說我不適合這份工作。第一份工作被炒魷魚,對我而言是一大污點!但現在回想,經歷這樣的挫折,後來都變成我創業的養分。如今倒是蠻感謝當時請我離職的課長,讓我的人生有了 180 度的轉變。如果當時還待在科學園區,現在應該也混得不差,但是到外面的世界,反而過得更精彩。以前的

那些經歷現在都可以拿來勉勵員工。

　　被 fired 的第一天，我就馬上打電話給同學問他：「我來跟你學保險好不好？」同學嚇了一大跳，質疑我：「哪有人好好的工程師不做要來做保險的？」很少有人會像我一樣這麼主動的想加入保險這份行業吧！

　　保險業務員是我的第一份業務工作，我嘗到自由的感覺，開著我 10 萬塊買的破車，跑到南寮吹風，心想原來工作的時間可以自我調配，睡覺睡到自然醒，不用朝九晚五。但我想的似乎太過完美，好像生活很美好，但事實上是不斷的追業績、不斷的尋找新客戶，被拒絕都是家常便飯。沒有業績時，心裡是很慌張的，一切都要靠自己規劃，當然也要完全對自己負責。有人嘲諷說，不會規劃的業務，就是晚晚進公司，跟主管開個小會，快中午了吃個飯，吃完飯眼皮鬆了睡個午覺，看看時間也晚了，提早下班吧！很多時間都是這樣流失的。

　　其實我投入保險業剛開始表現不錯，但每個月業績都要歸零，人脈用完就越做越辛苦。路上發單、陌生拜訪都是常有的事，直到有一次到鹿港找一位長輩，要談一個十多萬的保險專案，結果陪長輩喝了兩天的酒，案子依然沒談成，我覺得十分傷感、沮喪。回到彰化市區後，我行屍走肉般的走進一家電影院，這是我第一次一個人看電影，電影的名稱叫做《世界末日》。在煎熬了 6 個月後，我決定轉換跑道。

在我離開科學園區進到壽險業的同時，女朋友也離開了華隆紡織，被當時的傳銷公司帶進美容產業，她希望我可以跟她一起做傳直銷，我則希望她可以來幫我做保險。經過一段時間的爭論之後，我們決定給彼此 6 個月，用自己的成績證明，哪一方是對的，輸的人就必須加入贏的人的職業，大家猜誰贏了呢？

「成功是給敢夢想的人最大的禮物！」記得我在科學園區領到第一份薪水的時候，我帶著女朋友，也就是現在共同創業的老婆，在新竹郊區看了一間 500 多萬的別墅，她抱怨：「我們又買不起，為什麼要來看？」我說：「現在買不起，以後一定買得起。」又說：「看著我的眼睛，妳看到了什麼？」當時，我希望她透過我的眼神，看到未來的希望。無可救藥的自信，也是創業必備的因素之一。

 林沂蓁教育總監：

白天華隆紡織上班，晚上下班學美容。

我跟美容產業的緣分其實很單純，我從國中就開始長痘痘，天秤座愛漂亮的我一直為此所苦，直到領到第一份薪水的那一天，我就跑去做臉。現在我都會跟人家分享，如果沒有好的保養觀念，還不如不要保養。第一位幫我做臉的美容師，因為不瞭解皮膚的屬性和保養的觀念，在我滿臉痘痘的情況之下，做了很多傷害我皮膚的流程，那段時間我又非常認真做臉，一段時間後自己的皮膚變得相當敏感，這個事件一直影響我整個美容事業的發展。

在華隆紡織待了 5 年，有一天下班的時候，一位秘書打電話給我，邀請我參加美容講座，深受問題肌膚所苦的我，買了一套 3 萬 9600 元的產品，當時這筆金額已經能買下一台摩托車了，更何況當時我一個月的薪水也才只有 2 萬 3000 元。

　　後來，我決定專心做美容事業，我還記得，當我向課長提出辭呈時，課長笑我：「哪有人這麼老才去學美容！」其實當時的我也不過才 26 歲。以前的人對美容事業有很多的誤解，總認為美容是不愛唸書的高中畢業小孩才會被送去學的一項產業，像我這樣二專畢業又有不錯的工作，竟然想要轉換跑道去學月薪只有 6000 元的美容產業，在當時的人眼裡，實在是很不可思議的選擇。

　　轉換工作換來旁人的質疑，也換來母親的擔憂，但我說，我就

▲ 年輕時的玩伴，後來也分別創業，進入美業一起打拼。

是看爸媽辛苦工作這麼多年養大 5 個孩子（我排行老三），不想要未來也是如此，才決定選擇美容事業。

我回憶道，我是家中第一個就讀專科的孩子，學費還是透過爸媽去借錢才有的。因此，再怎麼辛苦我都一定會撐下去，我決定給自己 1 年的時間，在美容業闖一闖。

每天早上 7 點到華隆上班，下午 4 點半下班，晚上 6 點再抵達工作室學習美容到晚上 11 點，才能拖著疲憊的身軀回到家，難免有時也會因為這般辛苦的日子而低頭流淚，但是，堅持是會有回報的。我因為堅持了五個月，理解到愛美是一輩子的事；人對美的追求是不會改變的，這一代的人愛美，下一代也會愛美。因此我體會到這個行業是有前景的，我願意投注下去。於是我把正職工作辭掉，兼職轉正職，開啟了我的美容事業之路。

當時男朋友給我 3 個條件：一、半年內要看到自己的成長，二、薪水要比在華隆紡織還要多，三、在公司晉升到一定的階級。在互相的鼓勵與扶持之下，我們一一的達成訂定的目標。

回頭來看，其實我應該要感謝我的問題肌膚，有一次花了 10 萬塊參加公司的 F88 皮膚檢測儀的訓練，公司的副總在課堂上徵求第一位上台來檢查的志願者，滿心期待自己有美麗皮膚的我，第一個舉手上臺，在檢查之後，副總對全體的學生說：「你的皮膚就像一片被野火燒盡的草原。」這句話刺痛了我，一心想從事美容業的我，卻沒有一張漂亮的皮膚，和男朋友抱頭痛哭，好幾天都在失望

沮喪中度過。但心念一轉，正因自己是問題肌膚，切身瞭解這樣的痛楚，反而更有一股使命感，希望幫助更多人恢復自信美麗。因為我的問題肌膚，才讓我找到這一份美麗的使命感：「希望所有客人都能更美、更欣賞自己」。

　　這邊特別要感謝王爸爸（執行長的爸爸），我們結婚的時候王爸爸對我說：「我女兒結婚時，我送給她一顆 10 萬塊的鑽石戒指，妳要嗎？」我說：「這顆鑽戒放在我的手上別人也不一定認為是真的，但是如果我有 10 萬塊，我會去買一臺機器賺更多的 10 萬。」感謝公公當時的捨得，投資一個潛力股，幫助我可以去上課順利完成皮膚檢測的課程，這 10 萬塊對我未來的創業幫助很大，每一次幫客人檢測的時候，我都說：「這是我的結婚鑽戒。」（哈哈哈～）

▲ 堅持美容事業的我，擁有了自信和美麗。

開店第一階段

傳直銷加盟，
傻傻開店

林沂蓁教育總監：

一技之長加盟開店，投入結婚禮聘金，
經營聯繫客人感情，深入人心做生意。

　　男友離開壽險業到美容院和我一起上班，不到 6 個月他就急著要出去開店，奶奶知道後，考量客家人逢九不結婚的習俗，便要我們在 29 歲還有創業之前結婚。所謂成家立業，也是名正言順，兩人把結婚時的禮金、聘金約 50 萬元全數投入開店。第一次創業我們選擇在新竹的食品路，因為一切要從簡，所以找了一個寬大的二樓，租金便宜的地點。當時的上線可能是擔心我們能力不足，而且傳直銷靠的是口耳相傳，租金便宜就好。民國 88 年 2 月 28 日，我們創業了，接下來要面臨很實際的問題：客人會不會上門？

　　我常開玩笑說，我學美容前後個性判若兩人，連先生都說，怎麼向來寡言沉默的老婆，從逆來順受的白雪公主變成母老虎了？以前王瑞揚問我問題，我都不知道該如何完整表達腦袋裡所想的事，所以王瑞揚只能給我「是非題」，直接說對還是不對，是還是不是。

　　但隨著我的改變，漸漸地，「是非題」變成了「選擇題」，最後變成了「問答題」。我發現，因為經營美容事業，不僅讓我對外表上強化信心，在個性上也因為時常要接觸客人、洽談課程與服務，變得不再害羞內向，是很神奇的蛻變與成長。有時我甚至會鼓勵後輩，以自己的過往為例，告訴他們「沒有漂亮的臉蛋與好口才，還是可以慢慢成長蛻變，把美容事業經營得有聲有色！」

　　開店很容易賺錢相對難，除了前期投入的 50 萬，過程當中都是不斷地在追錢，趕 3 點半，一樣的煎熬又開始了。所謂貧賤夫妻百事哀，開幕時很多夥伴來幫忙熱熱鬧鬧了一天之後，就是無止境的等待，等著客人上門。記得第一個月的來客數只有二十幾位，也就是說一天平均不到一位客人。我們兩夫妻在店裡等待客人上門的時間裡，不是吵架就是為各自的理念爭執，難得有客人時，我可以花上三四個小時幫客人做臉，原因很簡單，反正後面也沒有新的客人。

　　初期創業時夫妻經常為了金錢吵架、離家出走、鬧自殺的情形沒有少過，我努力培養客戶感情，先生則每天在外面發傳單，參加各店家的業務推廣活動，加上他對電腦熟悉，鑽研網路行銷，我們大概是第一家在新竹寫網站的美容店家。

▲ 孩子小的時候，我們夫妻正在努力拚事業。

開店2年後，來客數成長有限，初期投入的資金產品也用完了，負債將近100萬，先生和我談論多次，最後的結論只有兩個：第一，我們都回工廠上班，努力一點省吃儉用，債務應該可以在3、4年內還完。第二，換個地點另起爐灶，不能死守在這裡。

那個時候，因為客人為數不多，我幾乎一年裡的所有節慶都會找客人一起過（除了清明節），還有寄卡片，甚至送禮物到客人家裡都是常有的事。我和客人感情非常要好，所以當瑞揚說要轉店時，我堅決不肯，但事實上當時的食品店會員人數不到100人。創業的這兩年我們幾乎都沒有休息，現在回頭想起來，真的是很煎熬辛苦的兩年。

在先生轉店的堅持下，他開始騎著摩托車找店面，冥冥中老天

爺就帶著我們走過人生的轉角。很快的，我們就在新竹的東區長春街上找到一個比較熱鬧的店面，但唯一的問題是，隔壁鄰居是賣臭豆腐的，客人在門口跟進到店裡會有完全不同的兩種味道。

　　另外幸運的是，食品店在很驚險的狀況之下，房東心不甘情不願的頂給了兩位好像是要做八大的年輕人，頂讓金是二十萬，對當時入不敷出的我們，是很重要的資源。

　　一切就緒之後，接下來就是裝潢，我們只給裝潢師傅下了一個要求，我們只有三十萬的資金，您只要幫我們裝潢的堪用就好，因為沒有什麼錢，就以設備搬過來可以營業就好為前提。一個月後裝潢完成時，就給裝潢老闆開了一張 3 個月後的支票，其實我們也不知道 30 萬在哪裡？

　　我們非常拼命地花了一個晚上的時間，無縫接軌的搬到新的店面，當時先生的弟弟也是下線，幫了我們不少忙，打虎還要親兄弟啊！在食品路二樓的店 9 點打烊之後，開始打包搬運，隔天就在長春街的新店，正常開門營運，就這樣傻傻的開啟了第二段奇幻之旅。

開店第二階段

第一次致富，
初嚐成功甘甜

王瑞揚執行長：

從開始的慘澹經營，歷經一夜換店，
兩年後，生意上軌道，賺入第一桶金。

重新開店後，落腳的新竹長春街是一整棟樓，一樓是美容營業場所，二樓是教室、辦公室，三樓則是夫妻倆居住的地方。三樓的空間很小，颱風天半夜裡還要起來拿臉盆接屋頂的漏水，有時候爸媽帶孩子北上來看我們，一家子人只能擠在 5 坪大的空間裡。為了激勵自己，我們在牆上掛滿了夢想海報。

新店面經營 2 年後，生意漸漸步上了軌道，夫妻倆的生活也變得比較寬裕，我則升任公司的高階主管，職稱變成王總監。傳銷公

司裡總監階級的同仁通通跑去買雙 B 豪車，因為做傳銷就是必須展現光鮮亮麗的一面給別人看，開賓士車梳油頭是基本配備。但當時的我成為唯一沒有這樣做的人，我把錢拿去買獨棟別墅。

因為我認為，車子是負債，況且一落地價格就打折，不如把錢拿去買房產。結果我的上線罵我説：「房子是可以開出去嗎？」。

果不其然，沒幾年時間，傳銷公司在最高峰的時候年業績將近 80 億。雖然業績創新高，可是私底下因為很多傳銷商為了晉升而借錢囤貨，業績越高在外流通商品也越多，導致很多人開始削價競爭，最後連網路上都出現越來越便宜的商品，而我們開實體店面的店家就首當其衝，客人開始在外面買比較便宜的商品，對我們也開始產生不信任感。

▲ 第一桶金買了別墅。

假裝睡著的人是叫不醒的，明眼人都看得出來，公司即將再次崩盤，但是上面的人，當然不會承認市場上的亂象。直到有一次高階經理人的會議，最高指導者說：很多人說外面有一些便宜的貨在流竄，據我們的瞭解那些都是假的。我在臺下聽到這些話時，已經下定決心離開經營 8 年的傳直銷公司。後來常常跟朋友開玩笑，這 8 年剛好是陳水扁擔任臺灣總統的時間。

　　這一次的崩盤，公司轉向大陸發展，現在還是紅紅火火，但底下的傳銷商就沒有那麼幸運。二手車市場流入大量的雙 B 汽車，那些大部分都是做傳銷的人拿去賣的。據我的瞭解，跟我差不多同期做傳銷的同仁，職位越高受傷越重，因為帶領的夥伴越多，牽扯出來的債務就越多，很多人最後都要對簿公堂。

　　大部分的人在銀行端信用破產，甚至有人因此離婚，也有高階選擇自殺。這個事件已經過了十幾年，暮然回首，當年的這些戰友，還能夠爬起來的，少之又少，如今都相繼轉業。事過境遷，當年一起叱吒風雲的戰友們，有些還是朋友，有些打死不相往來，真是不勝唏噓。

▲

傳銷時的高峰。

▶

開著 Peugeot 206 敞
篷車，開心出遊。

開店第三階段

金融風暴，事業崩盤，負債千萬

 王瑞揚執行長：

2007 年金融風暴，30 家分店全歸零。
雙親和岳父是事業的再生父母。

窈窕佳人美容美體 SPA 生活館的前身是傳直銷體系的加盟商，我們從學習美容開始一直到分店遍及全台，業績最好的時候曾經有 30 家的加盟體系一起運作；後來遭遇 2007 年延續了一年多的金融風暴，整個體系瞬間瓦解，許多美容相關的大企業相繼倒閉，如亞力山大和佳姿美容。從借錢創業到擁有獨棟千萬別墅跑車，又在一夕之間歸零，負債將近千萬元。

很多人可能會納悶，為何會負債那麼多，原因都不離開以下幾

個。第一、借錢囤貨買職位，爭取比較好的利潤。第二、拉攏親戚朋友成為會員，以拉人頭為優先，而不以銷售產品為主。第三、打腫臉充胖子，外表光鮮亮麗，私底下債臺高築。第四、擴張太快，慫恿還沒成熟的組織投資或開店，第五、不適當的金錢往來，組織之間金錢牽扯不清，勇敢擔任保人，之後翻臉不認人……

　　離開傳直銷那麼多年，還是會有很多人會來找我們加入新的傳直銷公司，我都會花一點時間拒絕，並且勸他們不要從事這樣的工作。不勝其擾之下，最後我會提出一個小小要求，就是跟對方說：如果 1 年後你還在這家公司發展，我一定跟你消費。大家猜後來的結果是什麼？有一次拗不過舊組織的要求，我開口說：到底入會費要多少，我現在帶大家去餐廳吃掉。

　　下定決心將經營多年的事業，換了一個品牌。摒棄傳銷的方式，以傳統美容沙龍店重新出發，最難熬的事情就是當時的上線將我們所有的組織帶走，我們瞬間歸零，沂蓁總監還差點得憂鬱症，我則每天過著追錢的日子。

　　算白手起家的我們，這一次負債 1000 萬，不是說夫妻倆回科學園區工作就能解決的，在無可奈何之下，首先找上岳父幫忙，可能是平常跟他互動很好，岳父沒有說什麼，就答應把住了 30 年的房子給我們抵押給銀行貸款，我們都很感謝他，唯一的遺憾是，在我們有能力回饋的時候，岳父撒手人寰，這讓我跟內人一直有個想法，愛要及時、孝順要及時，這幾年更能懂得即時分享和付出。

沂蓁總監補充：

　　成功要即時。失敗時是家人們支持，當自己成功時要回饋家人。

　　爸爸及從小帶我長大的奶奶不在了，無法與他們分享成功果實、給他們享受，因此體會可以早點成功一定要快，成功的定義就是回饋家人，即便怎麼了，也了無遺憾。所以，格外體會孝順要即時，趁父母可以享受時就要給予，因此我們也在高雄買了一間房子給公公婆婆住。

　　有一次跟著 EMBA 的同學，前往心路基金會，我同學帶著全公司的員工，跟著有些許殘缺的小朋友玩成一片，最後合照捐款，令我相當感動，從那一刻起，我告訴自己，每年我們也要做出對社會的付出。對家人的愛要及時，尤其是身邊最辛苦的父母親，要懂得和顏悅色，我常常提醒自己。

　　我的爸爸，我形容他常常都是刀子口豆腐心，雖然岳父將房子抵押貸款借給我們，但是還遠遠不夠，我只好硬著頭皮回家跟爸爸開口，爸爸淡淡地說：「明天回來拿支票。」那個晚上我不敢住家裡，我覺得我是一個不孝的小孩，有人說：「養兒防老。」南部鄉

▲ 孫子滿月酒，好多朋友響應捐款現場義捐 200 本書。

下地方流行一句話：「養老要防兒。」看過太多例子，父母親的家產被北漂的小孩敗光光，我是其中一個。

　那天晚上跟朋友喝的爛醉，隔天早上進家門，看到爸爸早已經把他打拼 30 幾年存下來的金飾，一盤一盤地放在餐桌上，兩隻手環抱，看著這些金飾發呆，看到這一幕，我完全崩潰了，我跑到樓上，印象中，長那麼大沒有這樣哭過，哭到全身發抖哽咽，父親上樓安慰我說：「我有看到你的努力，而不是賭博、吸毒的關係。」還跟我講了一些身邊鄰居小孩的故事，鼓勵我。並且願意幫我這一次，還說：「男人可以失敗，但不能失志。」這句話後來成為我的最大力量。

▲ 王爸爸王媽媽是我們創業的靠山。

　　當時如果爸爸沒有出手救我們，其實我們已經有一個腹案，就是，信用破產、隱姓埋名，跑去臺東躲起來，開個早餐店聊此餘生，後來常跟學生開玩笑，以我的個性，搞不好現在是臺東某某早餐大王也說不定。

　　爸爸只給我兩個條件，第一、賣掉別墅，第二、賣掉小跑車。我都照做了，只留下唯一的一間店面，我們又回到租房子的日子。

　　在創業追求的過程裡，媽媽經常扮演我跟爸爸之間的潤滑劑角色，好幾次都背著爸爸跟親朋好友借錢給我應急，如今媽媽也是我們一些分店的股東之一。

 林沂蓁教育總監：

客人的支持，給予力量重新出發。

　　當年不是我們離開傳直銷公司，而是它離開了我們。

　　傳直銷很尊重上線，因為這樣下線也才會尊重你，所以我們都只會說上線和組織的好話。王瑞揚當時發現整個組織都在玩制度、玩金錢遊戲，他是第一個向上線開槍反駁的人，因此被上線認定為「叛逆分子」，竟將我們的下線全數帶走。當時真是十分心寒，我們這麼用心努力的培養下線，手把手的教導他們，竟然就這樣全部離開。

再待在原公司已經沒有前途可言，我們開始尋找外面的資源。只有一家店的時候我們就開始嘗試自營品牌，剛開始是採取部分代理、OEM 合作產品的方式，但「削價競爭」是難以避免的問題；我們合作的廠商把同樣的產品放到電視購物通路上促銷，打壞了市場價值，造成客戶對我們的不信任。因此，我們才下定決心，全面開創屬於自己的品牌商品。

在沂蓁總監吹毛求疵的個性下，我們花了很長的時間打樣、試用，她常說：「連我這麼過敏受傷後的皮膚都可以用的商品，我的會員絕對可以放心使用。要把最好的產品呈現給客人。」

但是，要找一個願意幫我們做少量多樣產品的廠商真的很難，我們處處碰壁、被為難。這也是後來我們下定決心，希望可以擁有自己的化妝品生技廠的原始初衷。

會負債那麼多，其中一個原因是買下長春街的雙店面，本以為收入穩定，可以承受房貸的壓力，但後來卻成為惡夢的開始。但是現在回想，買店面還是正確的決定。

成立自己的品牌後，有一群可愛的客人，非常支持我們。我們曾設計了一套入股的方式，讓這群客人加入我們。雖然最後沒有成功，但我們還是很負責的用分期的方式將入股金額全數返還。窈窕佳人能夠浴火重生，真的要感謝長久以來，有一群支持我們的會員及客人，成為我們繼續往前的力量之一。

▲ 兩人合力重新出發，攜手再造光輝。

開店第四階段
自創美容沙龍品牌，
重新出發

🌿 王瑞揚執行長：

　　轉型美容美體沙龍，自創品牌。

　　2007 年我們決定轉型自創品牌，因此我們開始到處報名學習課程。臺北是我們最常跑的學習地點，課程也比較多。在最艱難的時候也是我們爆炸學習的時期，比如自強基金會的化妝品課程、中國生產力中心的顧問執照、網路行銷、美容相關經營管理、美容相關技術類⋯⋯甚至還考了一張不動產經紀人執照，在房仲業短暫待了一兩個月，還成交了一個物件，差一點就去賣房子了。

　　現在回想那一段追錢的日子，其實也是最充實的學習過程，因為重大的失敗，情感也變得特別脆弱。有一次在朋友家裡看著電

影，電視裡演著《當幸福來敲門》，看著看著竟然不自覺的流下眼
淚……

　　在網路科技發達的時代，窈窕佳人開始投入網路行銷，將最後
一家自己的直營店，也是我們最後的本錢，重新介紹給新竹的朋
友。第一次花錢在網路上買關鍵字，效果出奇的好；後來又遇到
2008 年臺灣電子業寒冬，許多科學園區上班的員工開始休無薪假，
本以為生意會受影響，沒想到客人卻說這是難得的養肝假，生意好
到客人都約不進來。因為剛經歷失敗，行事風格相對保守，可是那
一年卻被客人逼著去竹北開了第二家店，生意很快的也做了起來。
有了信心之後，加盟店穩紮穩打的一間一間開出來，速度雖然很
慢，但是我們期許每家店都能賺錢。

▲ 自創品牌窈窕佳人：第一間分店長春店。

 林沂蓁教育總監：

從零開始，學習美容美體新技術。

因為我以前習慣經營的都是只有 3 ～ 4 張床的小店，而不是 10 多張床的大店，所以我去跟同業請教。

對方說，他沒有辦法直接教我技術，除非我買他們家的產品，我覺得不合理，所以我就買了楊乙軒的著作《實戰經營管理：作戰篇》這本書，一頁一頁的實踐，如何帶領美容師、做好行銷和管理。我真的很感謝楊乙軒這位作者，是他讓我有能力可以從小店管理到大店。

在書裡，他把美容師分成 A、B、C 級來設定店裡的營業目標，假設 A 級美容師要做 15 萬元，B 級美容師 10 萬元，C 級美容師 5 萬元，如果店裡有三位美容師，ABC 級各一位，那這家店的月營業目標就是 30 萬。所以營業目標不是隨便喊喊，而是要跟著美容師的等級和人數有所變動的。

我非常感謝這位作者老師無私的分享，他的書解答了我很多問題，協助我從小店管理到大店。另外，在過去傳銷體系所學會的「愛與分享」以及「團隊合作」概念，讓我們成立屬於我們自己的「共好文化」，帶領美容師一起前進。

當時跌到谷底的我們必須從零開始學習，我還特地北上去找顧

▲ 自創品牌窈窕佳人：企業共好文化四動物的獎盃。

問學繡眉、紋唇等技能，但最終還是回到自己最喜歡的美容保養品上。因為光靠技能會消耗體力，而保養品的銷售、建立品牌和通路，才會是長遠的路。

交大 EMBA
開創新視野

2006 年，全台擁有 20 餘個據點、近 25 萬名會員的佳姿美容集團，因不堪財務負擔而進行重整；2007 年，亞力山大健康休閒俱樂部，也因為擴張太快而陷入財務危機。這兩個事件讓我意識到，我必須要重返校園拾起書本，獲得更多的知識和資源。

後來，我無意中讀了一本書名叫《風城七口組》，講的是 7 個交大的 EMBA 學生，出社會之後，重拾書包回到校園唸書的精彩生活，讓我心生嚮往，更加有了想回校園進修的念頭。

在不得其門而入的狀況下，我選擇了清大學分班，修了 3 門課。3 年後，我決定報考 EMBA，報名 2 家新竹最頂尖的學府：交大和清大。雖然我筆試都有通過，但口試沒過，我想第 1 年就當考個經驗，隔年再來。

▲ 交大 EMBA：瑞揚執行長畢業。

　　我做事情的習慣是，只要我想做什麼事，就會公諸於世，讓親戚朋友或同事們都知道，如此一來就能形成一股無形的壓力，促使自己認真的達成目標。第 2 年，我報考了 3 間台灣知名的學校，結果依舊是筆試過關、口試落榜。

　　我開始檢討自己，是不是能力不足才會無法錄取，是否乾脆放棄第 3 年的報考？但我又很掙扎，身為企業的負責人，我總是教育同仁們要設定目標、勇往直前、絕不放棄，如果我自己在這個關口上萌生退縮之意，未來我該如何自圓其說？

　　於是，第 3 年的報考，我把火力集中在心目中的一流大學上。這一次，不管是在介紹人、書面審查上，我都特別謹慎，甚至還去拜訪了學校的老師和學長，有了萬全的準備。

　　但沒想到老天開了我一個玩笑，我竟然在填寫行事曆時寫錯日期，把考試記成了下一周。考試當天接到老師的電話，問我怎麼還沒到？我才驚覺自己搞了個烏龍，趕緊跟老師道歉，承諾下次再去。

　　2013 年，我再次報考交大 EMBA，這一年也是交大 EMBA 首次不用筆試，報考人數比往年多了 5～6 成，可謂精銳盡出。

　　口試時，我跟口試委員說：「這是我第 4 次來考試，之前每次都有通過筆試，就是口試無法得到青睞，不曉得是不是因為長得太醜了，希望可以不用再來第 5 次。」其實我向來考運都不錯，唯獨大學時考汽車駕照考了 4 次之外，其他都很順利。結果口試時老師們紛紛出言安慰，給我正面回應，這一次應考，我的心情平靜許多。

▲ 交大 EMBA：沂蓁總監畢業。

　　皇天不負苦心人，我終於考上了交大 EMBA！想到我當初剛創業開了第 1 家店，我就著手報考 EMBA，就是希望失敗之後的自己能夠記取教訓，不能讓事業跟亞力山大或佳姿美容集團一樣曇花一現。如今我在擁有 4 家分店時考上 EMBA，2 年後我畢業時，已經成立了第 8 間店，我的事業隨著我個人知識上的成長，一起茁壯的感覺真好。

　　我記得，在交大的最後一堂課，一位會計師兼任的講師，在許多的清算和併購公司的經驗中，為我們提到他的最終結論。

　　他認為，公司值不值得投資或合併的 5 個重點依序是領導者、團隊、產業類別、產品、財務狀況。由此可見，領導者在團隊中是多麼重要。期許大家未來都可以成為公司的領導菁英，要先成為師父，才能懂師父的心。

　　後來，我也鼓勵沂蓁總監去考交通大學 EMBA，總監也考了兩次才上，她唸完 EMBA 後，分店成長到 11 家店。經過幾年的努力，我們也在 2018 年成立了自己的生技廠，並在 2021 年入股了一家連鎖醫美，準備在新竹成立分所。2021 年 12 月，跨足頭皮領域，成立一個新的頭皮養護染品牌「窈窕然髮」。

　　就讀交通大學 EMBA 給予我最大的收穫，就是結交一群志同道合的朋友，我有任何經商管理的問題或想法，都能立刻找到中小企業主給我很好的建議。甚至，窈窕佳人的卓越經營，還曾被交大資訊管理與財務金融學系教授，同時也是交大管理學院院長鍾惠民老

師寫進 2019 年出版的《財務管理個案：策略與分析》，成為第 19 個財務管理個案，與宏碁、華碩、鴻海等國內頂尖知名企業並列其中，老師說：「書裡面總要有一些小企業的案例。」

 ## 除了唸 EMBA，也可多參加社團

想在學識和資源上有所突破，除了唸 EMBA，也可以多多參加社團。有機會的話，可參加就近的青商會、扶輪社、地方上的工業會和商業會，還有美容相關工商協會，尤其是地方上的美容公會，可以得到許多第一手的資訊。舉凡許多補助（TTQS、SBIR、SIIR、人力資源提升計畫、地方節能補助、疫情期間紓困）、獎項（優良廠商、優良店家、優良員工）、勞資糾紛協調、融資貸款等等。有好的人脈就像擁有好的顧問，可以讓我們少走很多冤枉路。

在經營事業的過程中，有關管理、生產、銷售、人資、研發、財務的問題，如果都可以在社團中廣交人脈，就會有對的諮詢對象；更何況大多數參加社團的人，非富即貴，對我們店家的業績多少也會有所幫助。

參加社團的時候，要評估社團的成員組成，尤其與我們能力相近者為佳。參加當地的美容公會，可以即時得到第一手消息，例如業界的訊息、政府法令，同業不但不會相忌，還能互相學習。

美容公會是同業訊息交流很好的平台，如果可以接任職務更是

A JOURNEY IS BEST MEASURED IN FRIENDS , NOT IN MILES

▲ 我們不只經常參加交大 EMBA 校友活動，也常與新竹扶輪社交流。

加分。尤其一例一休法規通過後，在公會裡就可以聽到很多美容美髮業者在這幾年來發生的各種勞資糾紛案例。

　　老闆們可以互相取暖，共享資源，進而找到互補合作的方式，小型企業已經不能再用以前的思考模式來處理勞資關係，這些問題在公會裡，都能得到最適切的答案和協助，絕對比單打獨鬥還要來得強。

▲ 沂蓁總監在交大 EMBA 認識許多好朋友。

 找到三種重要的朋友

　　不要怕麻煩別人，「拜託別人」是一種建立人脈最快的方法，大部分的成功人士，都很願意與人分享，而且好為人師。我常跟夥伴說要找到三種朋友，一種是可以學習或競爭的人，再來是找到願意無私給予意見和幫助的朋友，還有一種就是偶像，可以追求模仿的對象。以上三種朋友，在精神上、實質上都對自己的事業有所幫助，盡量地製造與對方聊天的機會，和三種朋友多多請益，對事業一定會有幫助。

　　還記得我在 EMBA 課程求學時，有一位同學經常翹課，他後來跟我說，在班上最大的收穫，就是私底下去找認識的學長姐聊天，聆聽他們成功的模式。事實證明，課業成績不是最重要的，反而是這位同學交友廣闊，有用不完的人脈，接不完的單。

　　另外，我要特別提醒大家，參加社團也要適可而止，有些社團能交到很好的朋友，也有些社團風雨飄搖，還可能會成為是非之地，甚至有些社團儼然成為傳直銷、保險甚至是詐騙者的狩獵場。因為，會成為獵物，通常都是很想賺錢、想創業、想成功的人。

　　小時候，我爸爸常對我說：「君子愛財，取之有道。」想知道一間公司到底是不是以詐騙手段為經營方式的公司，最好的判斷方式，就是「過優的報酬」或「以人頭的方式賺錢」，這類公司大概八九不離十是詐騙。遇到這樣的人，最好保持距離，委婉拒絕。我當初離開經營 8 年的傳銷公司後，覺得海闊天空，終於可以實實在

在的用傳統的方式賺錢，不用每天穿著西裝，開著高檔轎車，打腫臉充胖子，假裝自己很行，實際上過得很苦，日子過得很忙，陪伴家人的時間少之又少。

忙碌不是不可以，但要知道自己為何而忙。想當年，創業之初，我們夫妻倆每天都得工作 16 個小時，沂蓁總監曾經跟美容師說：「妳只要努力一點就可以和我們一樣……」沒想到立刻被對方拒絕，回道：「我才不要跟你們一樣累！」聽到這個回應後，我們茅塞頓開，沒錯！我們不能只有工作，也需要優質的休閒活動，好好過日子。

現在的同仁，已經不可能像當初創業時這麼拼命地跟著老闆，我們必須要把公司打造成為「完全符合法令，安心上班」的環境。在一例一休法令通過之前，美容業者的休假日都非常少，每天上班時間又長，現在完全遵照政府的休假規定，一開始當然不習慣，但是後來發現店長和美容師們有更多時間陪陪家人，生意也沒有因此受到影響。

我們夫妻也多出很多時間可以培養興趣，現在只要有朋友約吃飯、爬山、打球都不是問題。沂蓁總監也拜莊志輝大師門下學起油畫，完全沒有繪畫基礎的她，如今已經可以隨心所欲，興之所至的揮灑顏料，融合她的美感，創造一幅幅的佳作。

▲ 沂蓁總監美感絕佳，揮灑顏料，向莊志輝大師學油畫。

Chapter
.TWO.
經營和管理

創 業
STEP
.1.

店

人 心

店

想創業，
你需要準備什麼？

　　民國 86 年退伍之後，我來新竹的第一份薪水是 28K，努力加班的話月薪可以有 32K 以上。如今，社會新鮮人的起薪大多只有 28K、30K，如果改變不了大環境，那要如何改變自己的未來？這個年代對年輕人的確有些不公平，物價飛漲，薪水卻紋風不動，所以政府不斷調高底薪，大部分服務業不得不跟著調整，但我覺得長期來講，對國家競爭力是有幫助的。

　　如果沒有好的學歷，我真心認為，惟有創業，才能真正改變人生的宿命，除非是官二代或者富二代。

　　大家都知道，創業可以做自己，自己當老闆，萬事自己說了算。可是，如果我告訴你，根據經濟部的統計，創業 3 年倒閉 8 成，創業 5 年會倒閉 9 成，這樣的「3859 魔咒」擺在眼前，你還敢創業嗎？

　　吃人頭路的工作，一輩子只能領固定的薪水；自己當頭家，卻又有「3859魔咒」，到底該怎麼辦？我會建議大家，找一個能夠「內部創業」的公司，是最穩妥的方式。

　　創業初期的日子，肯定過得非常艱辛，除非有個富爸爸支持，否則剛創業時，大概會有以下兩種狀況：

　　第一種：有計畫性地創業，選擇先在別的公司工作學習經驗，完成階段性任務後，翅膀硬了，就能自己高飛。

　　第二種：這種創業者最多，我自己就是，想創業的原因不外乎是環境所逼或家庭因素（尤其是女生，要面對的家庭因素更多），還有很大一部分的人是對前老闆、前主管的不滿意，乾脆挽起袖子自己做，因而踏上創業一途。

　　因此，我想跟大家談談，如果真的要創業，你需要先準備哪些事情或心態。

 ## 先幫別人賺錢，替自己賺經驗

　　創業前其實有一些必要步驟。首先，最好能先幫別人賺錢獲得經驗，站在巨人的肩膀上，培養了足夠的經驗跟視野，再來嘗試著地走出舒適圈；透過學習，累積經驗及人脈，再來才是為自己賺錢。

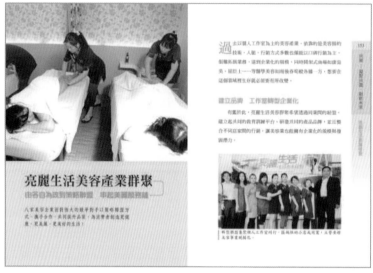

▲ 亮麗生活美容產業群聚。

　　成功的最後階段應該是幫助別人賺錢，他助、自助、助人。

　　如果能夠克服創業的種種困難，之後得到的果實將會非常甜美。想像一下，在擺脫家庭、丈夫、婆婆的壓力下，用生命投入經營美容事業，如果成功了，收入很有可能會是別人的 3 倍、4 倍，甚至是 10 倍。到那個時候，所有的挫折跟辛苦，就一點也不算什麼了，趁年輕吃得了苦，現在不吃苦，等年紀大了再吃苦嗎？

 需要浪漫的情懷

　　有些人身上有點積蓄，擁有一點美容操作的技術，就匆忙開了間美容店，這種狀況下創業的失敗率，我們可想而知。但相較於這

樣倉促成軍的例子，其實更多的人反而是講創業講了一輩子，始終就是不敢踏出那一步，因此，創業真的需要一點浪漫的情懷。

就像很多講創業的學者及顧問，他們可以分享的企業案例非常多，但是他們畢竟沒有自己創業過，實戰經驗很貧瘠，他們不一定會瞭解創業者真正遇到的問題和解決之道。

有時候，想得越多，前置作業做得越久，或者創業計畫書寫得越厚，反而越不敢創業。台語有句話說：「瞎子不怕槍」，創業往往需要樂觀、衝動和浪漫的情懷。

創業的人往往都是一股熱情，認為自己可以做得到，相信自己就算失敗了還能再爬起來，不畏挫折，有的時候還要有無可救藥的自信。別人看起來是臭屁，但是一個創業者如果沒有這樣的氣魄，如何說服別人投資你？如何說服員工跟著你？

當年，我離開做了 8 年的傳銷公司，後來打從心裡反對傳直銷公司拉人頭的做法。這幾年，很多朋友找我去瞭解他們的傳直銷公司，我都會用兩個方式打發他們。

第一、你說得那麼好，為什麼你還不願意放棄現在的工作，而只是兼職？你應該要辭職全力以赴才對，早一點離開現在的公司，不是可以早一點成功嗎？

第二、我看到太多傳直銷公司或是做保險的朋友，都無法持之

以恆。所以，我會說，假如一年後你還在這家公司，我一定捧你的場，當個消費者沒有問題。

需要家人的支持

想要創業，最好要有家人的支持，但是往往最親密的家人，反對的聲音也最大，反對的原因很簡單，就是「擔心」。他們擔心創業者失去經濟來源、影響生計，或是擔心創業者太累，身體負荷不了等等。

所以，我很佩服有穩定工作，在目標明確的狀況下仍勇於創業的人。像我自己，是因為環境因素而創業，現在回想當年，其實還挺感謝當時科學園區的課長把我革職，我能開創後來的事業。

所以，際遇很重要，危機往往可能會是轉機，就看你如何面對。

創業必須要高調

創業初期一定要高調，大聲昭告天下「我創業了」，除了希望各位親戚朋友能大力支持，也有破斧沉舟、沒有回頭路的意思。親戚朋友們看著我們，不管成功與否，就是最好的督促方式，想做生意的人，一定要把臉皮練厚。

　　相反的，那些做生意的大老闆們，事業已有某個程度，也許已經有接班人，不需要拋頭露臉，反而要低調，這個部分我還不能完全體會，希望未來有機會跟大家分享。

　　上班族每天要工作 8 小時，管理職每天要工作 12 小時，創業的企業家則每天要工作 16 小時以上，每天花費這麼長的工作時間，還不一定能成功。

　　前中國生產力中心負責人石滋宜說：「什麼是笨？就是老是用同樣的方法做事，卻期待有不同結果的人。」我和沂蓁總監不斷地學習改變，在跌跌撞撞中成長，現在看到我們的夥伴和我們當初一樣，為了店家的業績，犧牲個人的時間與體力，為自己的事業付出，讓我感到相當欣慰。一個成功的企業決定在主事者身上，一家

▲ 桃園第一家店開幕，舞獅慶賀熱鬧滾滾。

123

店的成功與否則決定在於店長的態度和能力。能力絕對可以培養，態度就先從懂得感恩開始。

我每天都會看店長在社群網路上的分享，每次看到店長帶夥伴去發單開發客戶（現在已經沒有人在發傳單了）、請店裡的夥伴吃飯、努力為店家付出、選擇主動出擊，都會讓我非常佩服。

回想跟沂蓁總監的創業初期，不僅要面對人員管理、經驗傳承、資金籌措、客戶抱怨和開發客源等各種問題，雖然辛苦，但這是開拓事業的第一步，除了可以訓練膽量和培養及時的危機處理能力，還能累積領導統御的能力。

創業很好玩，如果能賺錢更好玩。但大部分的人都不在乎天長地久，只記得曾經擁有。因為失敗的人都會安慰自己說：「至少此生曾經努力過。」

以別人的經驗來修正自己，是最廉價的學習方式，例如從書中獲得別人成功或失敗的經驗，而花大錢換取教訓是最笨的方法。但我欣賞有人拿一生的性命，來賭未來的成功。

我想，創業者應該有一點衝動、有一點傻勁，最重要的是不要怕失敗。一旦開始創業，就必須全心全意投入，多看、多學習、多瞭解，抉擇時千萬不要猶豫。但放棄也是最困難的一門課，要做「行動的巨人，思想的侏儒」，初期要以量取勝，再求質的提升。

根據經濟部統計的數據，近10年除了 2008 年的經濟風暴之外（倒閉者比創業者多），創業 10 年之內成功的比例不到一成。在創辦窈窕佳人以前，我們合作過的店家，現在還存活的連一成都不到，而這些存活下來的店家，營業情形也浮浮沉沉，談不上賺大錢。希望在窈窕佳人的大家庭中，我們可以一起相互扶持，將店家與企業發展到最好，成為窈窕佳人夥伴們心目中最大的驕傲。

▲ 窈窕佳人大家庭，耶誕晚會好開心！

125

店

自有店面
的好處

從 2019 年年底開始，Covid-19 在全世界肆虐，全球經濟一度停擺，台灣相對受傷比較輕微。這個時候，我們有房東主動降價，也有幾位房東堅持契約精神，這個我們都可以理解，只是對租客的感受不一樣。很多創業者都是在這種時候，才會知道擁有自己的店面，絕對是優點大過缺點。

台灣也一度陷入三級警戒的狀態好幾個月，店家不能營業，消費者不能內用。除了生活不便、人人自危，根據統計，臺灣超過 4000 家實體店面因此而倒閉，其中有很高的比例都是被店面租金給壓垮的。在這段期間，能夠撐到最後的店家，多半擁有的是自有店面。

窈窕佳人的第一家店，位於新竹東區的次街，不算很熱鬧，整

條街只有 350 公尺，最高紀錄卻同時有 5 ～ 6 間美容美體業者，但其中只有 3 家店屹立不搖，包含經營了 10 年以上的窈窕佳人。原因很簡單，這 3 間美容美體業者全都是自有店面。

自有店面不僅讓經營者省下租金，經營壓力不會那麼大，對於消費者而言，也是一種值得信賴的依據。有些客人曾經做過美容課程的消費，但服務還沒有享受完，店家就倒了，導致這類客人非常害怕買美容課程。這樣的例子層出不窮，有時候店長必須把房屋權狀拿出來取信於客人，才能完成課程銷售。

當然，如果是連鎖店，這樣的問題就會迎刃而解，因為這家倒了還能去別家繼續消費，就能給消費者一種「跑得了和尚跑不了廟」的感覺，比較容易贏得顧客的信任。

▲ 窈窕佳人第一家店長春店，是我們的自有店面。

行政院衛生福利部於民國 110 年 6 月公告修訂的瘦身美容定型化契約，第 17 條履約保證裡面就有寫到，同業同級公司在消費者無法得到店家履約提供服務時，店家之間可以相互連帶保證。

在網路發達的時代，實體店面曾一度被批評的體無完膚，誰會知道，經過時間的淬煉，很多大公司都發現 O2O 的重要性（Online To Offline 線上到線下的結合）。雖然實體店面付出的成本，一定要比電商來得高，但是經營得好的話，獲利也相對穩定。

尤其是美容行業，客戶總不可能把頭髮寄到店裡，請美容師洗好之後再寄回來吧！因此，有些行業很難被電商取代。幾年前網路商店興盛的時候，有人預估房仲這份工作會消失，事實證明，大部分的人還是習慣看到、摸到實質商品，惟有親眼見到才有辦法判斷喜不喜歡，就像保養品一定要讓客人試用，是一樣的道理。

 ## 15 年前就開始買店面

我很喜歡房地產，而且買了都是自用，長期持有，對於房市的價格上上下下通常是無感。我相信，會不會賺錢是一回事，會不會投資又是另外一回事。

我們第一間店在食品路 2 樓，後來換到長春街前段，一個機緣之下買下長春街後段的雙店面，也算是我們的起家厝。當時的頭期款不是用借的就是用分期的方式，長春店買下來的時候只花了 10

萬塊,另外開了 19 張支票給屋主,現在回想起來,那個時候真是大膽。

　　就這樣,時間一拉長,也買了幾間店面,民國 108 年賣掉經營了 8 年的總公司資產,轉買了位於新竹市公道五路上 290 多坪的總部,成立了自己的生技廠。

 有錢人買不動產起來等,
沒錢的人等著買不動產

　　再會賺錢的人,如果不懂得理財,到頭來也是一場空,必須讓自己有穩定的現金流,才能有財富自由的一天。

　　一般人的理財觀是「賺錢、消費、賺錢、消費」循環不斷,為了消費而賺錢。但有錢人的理財觀卻是「賺錢、存錢、投資、再投資、穩定的現金流、消費」。還有一種人的理財觀是「賺錢、消費、負債、賺錢、還債」,這類代表人物就是卡奴。

　　如果未來的通膨率是 3%,我們投資的利潤一定要超過 3%,例如買台塑、台積電這種高股息殖利率的股票,或投資不動產,有穩定的租金收入,也可以投資中國大陸人口中的黃小玉(黃豆、小麥、玉米),成為公司的資方或經營自己的事業也是不錯的選擇,還有傳銷,都是很好的小本生意。但是,以上各種投資理財方式皆有其風險,降低風險最好的方法,當然就是投資自己的腦袋。

▲ 現在的總公司 290 多坪，採光良好的會議室設有吧台。

　　投資必須要看長期發展，而非短進短出。例如投資房地產，不僅可以穩定收租，房價若因地段不錯又上漲，長期投資的獲利率就會很可觀。

　　關於投資理財，我還要推薦一本書籍給大家，書名是《富爸爸之有錢人的大陰謀》，這是風靡全球的理財類書籍《富爸爸，窮爸爸》系列書籍中的其中一本，作者是日裔美籍羅勃特‧T‧清崎（Robert Toru Kiyosaki）。書中匯集了許多真知灼見的理財觀念，包含了知識就是金錢、如何運用債務、學會如何控制現金流、為最壞的打算做準備、用有錢人的速度思考、學習金錢的語言、謹慎選擇自己的隊友，以及如何印自己的鈔票……這是一本為了想讓生活更美好而想學會理財的人所準備的書籍。

　　很多老一輩的人會說，賺錢不厲害，厲害的是最終看你能夠存多少錢，這段話凸顯了理財的重要性。我爸媽創業得早，他們倆的故事也很值得一提。

　　他們年輕時忙著創業賺錢，花錢跟休閒的時間很少，但是退休的時間卻比同年齡的朋友早，退休生活很愜意；也有長輩，一樣少年得志，但花天酒地，把家庭跟財富弄得一塌糊塗，雖然晚年取得家人諒解，但是生活可想而知並不富裕。

　　我爸爸賺的錢，幾乎全部都拿去購買生財的庫存——黃金，而我一位很要好的同學，他的爸爸除了務農就是認真上班，退休時，身上有好幾筆農地。據他轉述，媽媽陪嫁的一塊農地，後來變更為建地，50年間漲了800倍；反觀金價，這50年來也才只有漲20倍，而且不會產生利息、不能種菜或租給別人。這就是我對房地產特別熱衷的原因，尤其是看完麥當勞的財務成長規劃，更讓我對「有土斯有財」這句話深信不疑。

　　我們創業最終就是希望能夠獲得財富，有了財富可以做更多事情，例如供養父母、讓下一代的教育和生活有更好的品質。《富爸爸，窮爸爸》這本書改變我的理財方式，若想要得到財富自由，光是賺錢沒有用，應該要設法將我們賺到的錢，像種子一樣，埋在土裡，用心灌溉等到它發芽結果。也就是說，做好投資理財，才有可能有財富自由的一天。

　　有錢人買不動產起來等，沒錢的人等著買不動產，那些說等我

有錢了再來做投資的人，永遠都在等。

在投資的過程當中常常會聽到很多負面聲音，例如太冒險了、還會再跌、最好再等等……想想看，為什麼這個世界會由 20％ 的人控制 80％ 的財富，因為，敢冒險的人不多。投資理財就是在考驗人性，不然每個人都可以成為富人。

理財要有野心，但也要有智慧支撐，不然會讓自己體無完膚。有錢人持續學習成長，窮人認為他們已經知道一切道理。成功是一種學得來的技術，吸引力法則就是做一個可被利用的人，有價值的事物就會自動被吸引過來。懂得感恩與祝福，也是技能之一。

設定好自己的「金錢藍圖」，勇敢的去實踐，行動是內在世界和外在世界之間的「橋樑」，把每一塊錢都當作種子，種在可能會發芽的地方，用心灌溉，金錢將會為你努力工作。

 ## 房東百百種，店面選擇很重要

如果沒有辦法買下店面，那麼承租店面的房東，將會是未來店家營業穩定與否的關鍵因素之一。有些房東租約到期前會特別提醒續約，我們有些加盟店因為疫情的關係，還有房東自動調降租金，像這樣的好房東，店家要做個 10 年、20 年沒問題。

曾有一家店面租約到期，在和房東談判的過程中，我們託詞說

生意不好，明顯的希望房東不要調漲房租，繼續用原來的租金租給我們，想不到房東卻直接回我們：「生意做不起來，收掉就好。」當時有點震撼傻眼，如果房東真要把房子收回去，那麼我花了 200 萬裝潢店面，可就付諸東流！

我們還遇過一種房東，不好相處又很難商量，租約到期不得不離開，退租的時候還要求恢復原狀，處處刁難，可想而知，押金拿不回來。雖然一切都是以租約的契約內容執行，但是台灣人講情、理、法，總是有契約記載無法完備的地方，這時候房東的為人，就會是很大的關鍵點，也建議房客要跟房東保持良好關係。

值得一提的是，2021 年因為疫情的關係，政府宣布三級警戒，導致許多行業被迫必須停業、業務量明顯降低，這樣的狀況如果持續下去，對於實體店面做生意的經營者會帶來極大的衝擊，面對租金的壓力可想而知。

事實上，情況嚴重的時候，可以向法院申請請求調整租金，目前已經有仲裁成功的案例 *。

如果遇到不好的房東，有時候也會是讓我們決定買店面的最大

＊：依照民法第 227 條之二，契約成立後，情事變更，非當時所能預料，而依其原有效果顯失公平者，當事人得聲請法院增、減其給付或變更其他原有之效果。前項規定，於非因契約所發生之債，準用之。

動力，事情總有一體兩面，端看如何解讀。我建議，即使是一家店，不發展連鎖，擁有自己的店面仍是很好的財務規劃。經營初期財務壓力確實會比較大一點，但以我在新竹、竹北的購屋經驗而言，新竹地區房地產飆漲，融資相對便利，持有房產不用再開口跟別人借錢，只要跟銀行增貸就行。因此我都會鼓勵加盟主，買下屬於自己的店面長期經營。

至於美容業的店面應該怎麼挑？我建議，最好是走路就能抵達的住宅區，但是台灣很少有這樣的地方，如果是集村型的社區，人口也不會太多。現在市場上大部分是商業、工業、住宅混合區，我們普遍偏好住宅大樓林立的 1 樓位置，不一定要在大馬路旁。美容行業除了講求方便之外，最重要的就是隱私，除非是發展很成熟的大都市，像台北市就很多位於大樓裡面的美容院，則是例外。

▲ 我們偏好在住宅大樓 1 樓開店，照片裡是竹科店。

　　像我們第一家店就開在 2 樓，儘管樓梯很寬敞，但是女性朋友要往樓上走的同時，安全感就是一大考驗，最後這家店仍以失敗收場。因此，除非是長期經營，已經建立許多客戶及口碑，或者廣告與網路行銷做得特別好，否則，我不建議將店面開在 2 樓以上。

　　店面的租金，我們會設定在月營業額的 10％到 15％以內。舉例來說，像我們這種中小型的美容院，1 個月的營業額如果是 40 萬元，租金最好壓在 5 萬元以內，要不然，賺的錢都送給房東了。

　　自有店面的話，通常不會選擇在大馬路旁，若是位在新竹縣市，價格多半會落在 2000 萬元上下；若是地點在台北市的話，由於房地產價高，我會建議 2 樓的店面也能接受，巷子裡的 1 樓更好，但得要更注重網路行銷，例如善用 Google Map。

買店面時學到的談判哲學，不僅要我贏，還要雙贏

　　生活就是一場說服的過程，從我們起床睜開眼的那一刻開始，身邊就充滿了企圖說服我們以及我們企圖要說服的人。人生最難的兩件事情，就是將我們的想法裝進對方的腦袋裡（說服對方），以及將別人口袋裡的錢裝進自己的口袋中（成功銷售）。

　　想要說服別人就要懂得投其所好，不要總以為別人想要的東西跟我們一樣。事實上，買賣雙方的立場本來就不同，必須學習從對

方的觀點來看待整件事情。例如，明明對方最看重的事情是服務，你卻不跟他談服務，而是一直講價格或效果，就無法切中對方的需求，當然買賣也就難以成交。最好能從寒暄閒聊中瞭解客戶真正的需求所在，然後投其所好。

買店面不免要和房仲或房東談判，談判的過程中常有正反兩極的做法，例如扮演黑臉與白臉的角色、提出或真或假的訊息、利益衝突點的競爭與妥協……記住！談判是解決問題的過程和手段，「結果」才是最重要的。

有一個小遊戲叫做「吹牛」，可以說明談判的歷程。遊戲時，雙方都不知道對方手上骰子的點數，談判者必須從對方喊出的訊息加以判斷，加上自己手上的骰子點數決定理想（Like）、預期（Intend）、底線（Must）的值來做出回應。過程中往往要主張價值（也就是虛張聲勢），還要欺騙吹捧、爾虞我詐，在資訊不對等的情況下很容易造成一方的損失。商場上這樣主張價值的方式，往往可以得到很好的成效，但若因此無法得到對方的信任，則可能損失下一筆生意。

相反的，若能創造價值，讓餅做大，雙方就能在雙贏的基礎下進行談判，甚至有時讓小利給對方，反而可以得到更多的尊重，當合作的默契與信任感建立之後，未來更有共同成長的空間。

我主張談判一定要創造「我贏」的局面，但最好的模式是「雙贏」，在不影響我方整體利益的前提之下，適度讓利換得對方的信

任，對長期合作反而是一種幫助。所以，談判的最高技巧和最理想的狀態，依序應該是「我贏、雙贏、他贏」。

民國 99 年，我們在購置總公司的時候，走了一趟建設公司商談價格，我跟建商經理說：「依我對房地產的瞭解，還有這個區域的價格分析……」我開口跟經理砍了 3 成的價格，心想，透過斡旋，成交價大概會落在 8 成左右，若他願意賣我 7 折的價格，我就很開心滿足了。

當下那位經理沒說什麼，只請我稍等一會，他需要跟上層報告這個價格，請我們耐心等候他的消息。不久，經理回到辦公室，只說了一句話：「老闆說，這個價格可以！」

聽到這個結果，我的心情立刻盪到谷底，事後我雖然買下這個物件，但我一直覺得這個議價過程，令我非常不滿意，因為我不覺得自己買到便宜，心裡總是在嘀咕，當時應該要開口砍價 4 成或是更多才對，搞不好可以拿到更漂亮的價格。然而，即使實質上我已經買到期望中的價格，但我卻沒有贏的感覺。

事隔 2 年，我和房屋公司的店長去洽談一個客戶店面頂讓的案子。我猜我們雙方大概都是老手，他不願先出招，我也不敢貿然開口，就這樣哈拉了 10 多分鐘，最後不得已，我只好先丟出了一個不太可能的價格，我說我們只能給半個月的傭金，因為公司的設計制度是如此。

對方相當驚訝，坦承他們的期望值是 1.5 個月的傭金，並且講了很多他們的難處，中間又加進了許多情感因素，希望我們至少能給 1 個月的傭金。

　　此時，其實我的心裡已經知道價碼到了我的預期值內，但我還是假裝打電話給其他股東詢問意見，還故意在馬路上多走了一會兒路，並且臉上不時露出相當艱困的表情。回到談判桌上時，還刻意顯得很勉強，特別表示這是經過我非常努力和股東們爭取才獲得的結果……我在做什麼呢？我在讓對方感覺「他贏」。

　　因為，每個人都喜歡贏的感覺，在銷售的最後關頭，如果能讓顧客覺得他贏了，反而可以得到更多的讚賞。

　　我一開始先獅子大開口的丟出個不太可能的價格，是為了圖個「我贏」，不但有可能真的讓我矇到便宜，也能創造出談判的空間，甚至在最後給予對方有賺到的感覺。

　　談判與銷售的過程，可以分為：我想要的底線和期望值、對方的底線和期望值，當雙方的底線和期望值出現交集的時候，就很容易創造出「雙贏」的局面並且成交；但如果沒有交集，做再多的努力都是白費。另外，我會建議在談判或銷售的最後，雖然已經接洽成功，但切記不要貪心，要在談判桌上留些餘地，讓對方保有較好的感受。

　　曾經，有 2 個買家同時看上一家公司，甲方接觸與出價較早且

出價較高，但態度強硬，賣方迫於時間壓力，原本打算要屈服於甲方開出的價格，不料，甲方得了便宜還賣乖，在最後的簽約階段，還想從對方身上榨乾最後一滴油，要求賣方必須將辦公設備全數翻修換新，此舉最終惹怒了賣方，生氣的老闆最後不僅拒絕與他簽約，寧願將公司以更便宜的價格改賣給乙方。

　　「銷售」其實是種很有成就感的行為，儘管很多人都會排斥，但其實我們在生活之中無時無刻都在談判，小孩吵架要談判論輸贏、夫妻吵架要談判論對錯、要求老闆要加薪時需要談判、買屋賣屋更需要談判……想要透過生活的經驗，讓自己的人際關係更加圓融，談判與銷售的技巧是一大關鍵，人人都該學。

頂店的藝術

創業時,「頂店」也是一個很好的選擇。

頂店向來有很大的爭議性,但我想以窈窕佳人的經驗來說明。

我們的體系裡,有 3 家頂店的經驗,目前都經營得很好,但也曾有 2 家店是以收掉作結束,整體而言,我認為頂店有以下的優缺點,供大家參考。

優　點
1. 費用便宜,降低開辦的壓力。
2. 可以承接舊有的客人。
3. 留下原來的美容師。

缺　點

1. 裝潢老舊。

2. 租約必須重談。

3. 舊客人對新業主的接受度。

4. 課程轉換過程繁雜（尤其是新業主的收費水準較高時）。

5. 美容師轉換時在企業文化方面的衝突。

 想頂店，你該想一想這些事

衡量過頂店的優缺點後，如果真的想要執行，請務必要思考幾件事情。

首先，原本店裡的債務和產權（雖然買賣不破租賃）要清楚，水電、瓦斯、稅金等費用要結清，房租行情跟左鄰右舍做適當比較⋯⋯這些小細節都要一清二楚。

有些店面客人很多，負債相對也越多（包卡的預付金），有些店面則是空殼子，沒什麼客人，也沒有美容師可以留下，這些問題其實有點複雜。多數原本店面的經營者不會把經營實情完整地告知你，為了想要有一個頂店的好價格，常常會美化自己的店面；這個時候，判斷能力很重要，不妨跟街坊鄰居聊一聊，是個獲取真實資訊的好方式。另外，網路上的留言也可以作為參考。

確定要頂店時，責任與義務一定要白紙黑字寫明白。例如，頂

店的條件、舊客人接受的程度、美容師的去留等。大部分的大型公司在併購別人時，都有專門的事業部在處理這些事，我們雖然沒有這樣的規模，但「小心謹慎」可以避免後續不必要的糾紛。

頂店的成敗，主要是看當初想頂店的初衷是什麼，不見得都是要把店繼續開下去或是賺錢才叫做成功。舉例來說，多年前，社區的巷子裡有一家裝潢得非常漂亮的店面準備收掉，我們去和該店老闆聊天時，我們在評估他們，他們也在評估我們，最後我把店頂下來，不但沒有和原老闆砍價錢，反而是挹注資金，請他們繼續留下來經營，雙方變成合作夥伴。因為，我看到兩位合夥老闆的潛力，雖然最後這家店還是收攤了，但是我們卻獲得 2 位非常優秀的同仁，現在都還在分店裡擔任店長。

還有一個例子，在竹北有一家經營很久的店，客人數量相當多，相對的，負債也多，所以我們用相當便宜的價格頂下來。當時有一位同仁很想要當店長，我們認為她的火候還不夠，便讓她去這間店磨練，經過 2 年，店家業績起起伏伏，但還是在水平之上。之後因租約到期，我見店長有明顯的成長，便決定放手一搏，把該店遷移到比較熱鬧的住宅區，花了一筆不小的開辦費；所幸店長沒有讓我們漏氣，在很短的幾個月內，就把該筆因為開辦累積的負債，由負轉正，甚至還可以發放紅利給股東們。

這個頂店經驗有一個小插曲，雖然原本的店面累積的客人很多，但是負面的評價也不少，為了保障我們頂店之後的營運，在訂定契約的同時，我們寫下了一個「帝王條款」：舊有的客人如果有

退款的事件發生時，原來的經營者必須要完全承接負責。因為這個條款，讓我們減少很多損失。

　　窈窕佳人中央店就是我頂下來的店面，在這家店剛頂下來的初期，老實說我有點後悔，因為沒有任何舊的客人，這間店等於是一個空殼子，你需要一點一滴地從頭經營，經營半年後生意才開始好轉。

　　窈窕佳人南大店的情形卻剛好相反，店頂下來的時候客人量很多，同時負債也多。優點是，前任老闆留下兩位很優秀的美容師，我們接手的第一個月就開始賺錢。

　　我常常會問學員，若以頂店的角度來看，前者是沒客人也沒負債，後者是客人很多負債也多，你會選擇哪一個呢？

　　綜合頂店的優缺點，你會發現，最重要的成敗關鍵還是在「人事」上，尤其是帶頭的人，有能力的領導者到哪裡都可以生存下來，任何行業都一樣，你領導的一群人，可能學歷或能力都比我們還強，但是沒關係，領導者擁有的人格特質，是別人帶不走的，就像石油大王洛克斐勒說的：「就算把我丟在沙漠裡，只要有駱駝商隊經過，我一樣可以重啟商業帝國。」

關於「錢」，
你該知道的 6 件事

在我們創立美容事業的初期，大概有十來年的時間，天天要「趕三點半」，找朋友、找銀行借錢是常有的事。那時電話打到朋友都不敢接，銀行也雨天收傘，只能怪自己實力不夠。我知道不能怨天尤人，只能盡最大努力守好信用，不管是對朋友、銀行或是顧客、上下游廠商，自己的信用將是未來事業成長最好的資產。現在回想起那一段時光，真是一段既充實又刺激的體驗。

當年，我和沂蓁總監把結婚禮金 50 萬元拿來創業，2 年後，錢全花光了，還有一點負債，這是我第一次失敗。那段期間，有一次我騎著摩托車，車子沒油，口袋裡竟只有 30 元銅板，在那一刻，我不知道該去加油還是吃飯？

我曾為了下午 3 點半前要存入 2 萬元，把家裡的撲滿宰了卻還

差 700 元。我永遠記得，明明是寒冷的冬天，我卻滿身是汗，記得那一次兒子還很小，我騎著 50CC 摩托車帶著他在新竹的公道五還沒完工的橋上，差點想要跳橋自殺，後來還是跟隔壁賣臭豆腐老闆借到最後的金額，才勉強過關。

小朋友出生沒多久，就託南部的爸爸媽媽幫忙帶，我們說好每個月支付一萬塊意思意思當保母費，可是有一天我們突然付不出這一萬塊保母費……事後爸媽說，當時就知道我們很缺錢、很慘了。最慘的是，到南部辦茶會（茶會就是經營客人，幫客人做臉、上保養品、賣保養品的活動）時，明明人在高雄，可是就是不敢回家看小孩，因為保母費已經拖了幾個月沒有給爸媽了。

所以，當我在講創業的課程時，一定會提到，創業者必須抗壓力強，還要懂得去哪裡生錢出來，因為創業後常常需要去追錢。不瞞各位，我追錢追到民國 104 年才把除了房貸之外的負債全部還清。那一年，為了要讓銀行知道，我戶頭裡還是有點錢，具備銀行認定的債務人還款能力，我跟交大碩士班的同學短期借了一筆錢放在銀行裡，銀行才願意借錢給我。後來跟同學聚會時，我都會笑稱，那筆錢就是我的發財金。

《紅樓夢》裡有段話：「命裡有時終需有，命裡無時莫強求」。但我認為「命」和「運」都要靠自己去追求和促成，我不服輸，當命運要我低頭時，我會告訴自己，失敗只是一個過程，我只是比較慢成功而已。我相信有很多創業者都跟我一樣，曾經為錢所苦，因此，除了公開我的失敗經驗與大家分享之外，我也想讓各位知道，

145

如果想要創業，關於「錢」，你應該要注意的 6 件事情，我犯過的錯，希望大家都能當作前車之鑑。

🌿 第 1 件事：借錢創業並不可恥

借錢創業並不可恥，可恥的是——沒有讓事業獲利。這是經營者的責任與義務，要不然去當上班族就好了。讓公司賺錢獲利，是對社會的一種基本責任。大部分的企業，都會有一定的負債比（一般來說不能夠高於 6 成），維持良好的信用，是創業後期最棒的資產，這項「信用能力」，包括你的銀行、朋友，甚至是供應商及客戶，都會需要。

銀行或政府融資的管道相當多，尤其是政府相當鼓勵 45 歲以內的年輕人創業，有利息上的補貼，例如青年創業貸款、女性創業飛雁計畫。地方政府也會有一些創業補助專案，這些專案的企畫其實不用找寫手，靠自己研究就可以達成申請，只要信用良好，政府和銀行大多會放行，記得要好好利用。像我們公司的新進加盟主，總管理處都會輔導申請，但是通過與否或是貸款額度，就完全取決於個人的信用狀況。還是那句老話：「做生意若想要永續經營，最重要的就是把財務信用管好。」

創業者要懂得延遲享受，人家說小時候胖不是胖，也說少年得志大不幸。失敗並不可怕，可怕的是一開始就成功，容易得意忘形，揮霍無度。我們當年在做直銷美容事業時，初嘗成功的滋味，

主管們全部都跑去買雙 B 車，我們沒有急著買昂貴名車，反而是買房置產。當時還因此被主管臭罵了一頓，他說：「房子是可以開出去嗎？」因為傳銷事業必須要光鮮亮麗，講求行頭，但往往有了面子，裡子卻是負債累累啊！

我真的很慶幸當年選擇買房，後來我們第一間購買的店面，在最困難的關鍵時刻，一次又一次地讓我們在銀行取得低利貸款。

根據民法第 205 條，約定利率超過週年 16% 者，超過部分之約定，無效。所以我們現在還有很多信用卡的循環利息都在 16% 以內。台灣當年在經濟狀況好的時候，貸款隨便都要 10 多%，南部的長輩在買房的時候，甚至是現金付款，幾乎都不會貸款；但現在只要擁有房子、車子或者想要與銀行建立良好的信用，都會選擇用貸款的方式購買，通常信用貸款最高也不會超過 6%，如果生意經營得還可以，要有 6% 以上的報酬率應該不難。

但如果能透過房貸或政府補貼融資的方法取得資金，通常還款利率都會在 2% 以內，相對的，利息壓力會更小一點。資金的取得是一門學問，要和往來銀行保持良好關係，慢慢的就不用看親戚朋友的臉色，只要銀行評估核准，就表示我們的信用也沒問題。這樣你就知道，為什麼一些大公司在春酒、尾牙的時候，銀行團都會坐在前面主桌上，當然就是想要做生意囉！有些銀行借太多錢出去，會特別到公司來看看營運狀況是否 OK，避免呆帳的產生，難怪有人說跟銀行借小錢，你會怕銀行不借你，跟銀行借大錢，換銀行怕你還不起。

另外也要感謝政府適時的給予紓困，不管營運補助，還是紓困低利貸款。因為我在公會擔任職務，可以獲得第一手消息，讓我們不會錯過這些補助的最新資訊。但其實有很多店家壓根兒都不知道政府有各種紓困補助，我其實也挺驚訝的。

　　除了紓困補助，政府其實還有很多輔導專案，例如 TTQS 人才發展品質管理、SBIR 經濟部小型企業創意研發計畫、大小型企業人力資源提升計畫、青年創業貸款、飛燕計畫貸款、地方型的經營創業補助等等。身為一個老闆，千萬不要埋頭苦幹，要多多跟同業交流，教學相長，也才能獲得更多利多訊息。

　　雖然我鼓勵創業者借錢創業，但千萬不要借高利貸。傳統的社會，高利貸等於黑道、違法，處理不好可能會家破人亡，不得不慎。

▲109 年創新竹市 SBIR：企業創新拚經濟。

第 2 件事：預留 3 ～ 6 個月的預備金

開店時一定要預留 3 ～ 6 個月的預備金，初期創業比的是氣長，除非背後有個富爸爸，或者親朋好友很多，多到你 1 ～ 2 年都不用擔心沒客人，要不然，要有長期努力克服困難、提高抗壓性的心理準備。

沒有做好財務規劃是很危險的一件事，例如店面開了，每個月除了收入、支出之外，還要有固定資產攤提的概念，要不然如果發生房東要收回店面、營業生財的儀器設備損壞之類的問題時，就會沒有辦法應付。

窈窕佳人的營運管理之道，初期主要是學習佐登妮絲的員工守則、基本架構，再做適當的修改；窈窕佳人尤其著重管理財務，使各分店皆有預備金的機制，而不是有賺錢就全部發給股東，店家經營越久預備金也要逐步擴大額度。

第 3 件事：多少資金才能開店？有 4 大因素

究竟需要多少資金才能夠開店呢？我認為要從 4 大要素來決定：

1. 我們準備開在哪裡？

2. 店面的規模要多大？

3. 裝潢的水準等級？

4. 在沒有賺錢的情況之下，我預計要撐多久？

創業初期，當然會選擇租金、店面規模與裝潢等級相對比較便宜的選項，但當你能力足夠的時候，不妨選擇人口密集的戰區，規模跟等級要一次到位。其實就我的經驗，現在展店的過程裡，最大的考量反而不是租金，而是主事者或店長的能力。

窈窕佳人就曾有類似經驗，一個好的店長到再差的店，業績表現都還是水準之上。有一次，有間店的負責人可能是因為職業倦怠，想把店面頂掉，經過評估承接，我們只有一個要求，就是留下店裡的美容師，其他都好談；接下來所有客人的預付款我們全額接收，頂店之後才開始尋找店長人選。當時公司有個行政會計，已經在總部工作 2 年，她有很好的工作特質，除了在自己的行政本業上盡心盡力，表現完美之外，還很懂得照顧別人，擁有高度的責任感和良好的人際關係，於是我找她討論去當店長的可能性。

該同仁擔心自己沒有美容技能、業務能力、領導經驗，無法勝任這個重責大任。但我鼓勵她，初期只要把美容師顧好，業績慢慢做出來就好。果不其然，因為責任感使然，她在很短的時間內，就讓這家店開始賺錢，而技術的部分，這位店長也在 1 年內全部學齊全了。

我很喜歡舉上述這個例子，最後問學員：「妳們覺得一家店的

成敗與否，與業務能力、人際關係，還是美容相關技術，何者比較重要？」其實，聽完故事，答案相當明確。

從行銷的角度來看，好的商品跟好的技術，其實只是最基本的條件，真正要把商品賣出去，還是要有好的服務力跟銷售力、行銷管理的能力，其實才是決定這家店賺錢與否的關鍵。

 ## 第 4 件事：嚴控預收款的部分

大部分的美容行業，多多少少都會有預付款的收入，110 年之後定型化契約寫得更嚴格，這是要避免業者收取的預付款，沒有好好運用，進而產生財務危機，最後吃虧的還是消費者。我曾歷經了創業失敗後東山再起，這也是為什麼窈窕佳人在解決財務問題時，特別注重預收款的問題。我們時時透過統計表，嚴格控管各分店預收款的狀況，以亞力山大事件警惕自己，避免因展店過快而衍生問題。

 ## 第 5 件事：必須要有財務規劃

創業初期賺的錢，不一定是真賺錢。有些經營者以為收進來的現金流，就是營業收入，但其實並不是，可能往往只是一開始資本支出的回收。更何況有些美容業會預收課程費用，其實只是預借客人的錢來運用而已。生意做得越大，欠顧客的金額也越多，這個時

候財務規劃就相當重要。

　　每天都要記帳，商品要天天盤點。初期可以先做自己看得懂的財務表格，每個月都要做損益表，如果有預收款，我建議要保留4～5成的預留金。如果有合作的店家，這筆錢也可以拿來當做客戶轉換的資金，類似信託的概念。

　　大企業有專門的財務機構可以做好公司財務槓桿，小店家主事者什麼都得要自己來，尤其是財務的規劃。像這次爆發的 Covid-19 疫情，大概沒有一個老闆在他的風險管理裡面預測得到，可說是來得措手不及，但是有做好財務管理的企業，就能在此時將傷害降到最低。疫情發生的第一時間我就寫了一封給所有同仁的信，信中提到，請各位同仁放心，透過店長們的努力，每一家店都有或多或少的預備金，可以讓我們在不營業的狀況下，度過5～6個月沒問題，這也是為什麼疫情期間，同仁們能夠安心等待恢復營業的原因。

🌿 第 6 件事：不要忽視折舊攤提

　　很多個人美容店容易忽略掉「折舊攤提」的部分，包括裝潢、冷氣、水電等固定資產，因為占開辦費的金額龐大，且有使用年限，如果放在當期的費用支出，將無法真正的呈現出店家的損益。所以，應該要依固定資產的耐用年限作為費用，每年攤提才對。

　　例如，購買生財設備 10 萬元，法定攤提年限為 5 年，就應該

▲ 店裡的裝潢有使用年限，記得計算折舊攤提。

每年攤提 2 萬元的折舊費用，固定資產通常要用 7 年來攤提，這就是為什麼我們跟房東談租約，通常都要 7 年起跳，甚至會把提前收回房屋的違約金，用 7 年攤提的方式寫進合約裡面。

我常說，創業開店 3 個月就能見真章，為什麼呢？因為，生意好的時候，主事者會以為從此一帆風順，忽略了可能的風險；生意不好的時候，預備金又準備不夠，3 個月後就會陷入財務危機。

因為我們創業初期來的客人，有很高的比例是親戚朋友的大力支持，也或許新店面有不少陌生客人，但回購率高不高，還是只能做一次生意，差不多 3 個月之後，就能完全看到店家的實力。

人

領導者
的必備技能

　　我曾在廈門參加一場國際性美容大會，聽聞有個年輕人發展美髮事業的故事。起初，他在短時間之內就風風火火的拓展了上百家分店，可惜好景不常，缺乏一個好的制度和共享留人的機制，以至於在事業最巔峰的時候，上百位的員工一夕之間離開，事業瞬間跌落谷底。由此可知，事業開拓與如何守成是一樣重要的課題。

　　這一點就跟賺錢一樣，會賺錢是能力，但有智慧的人，才是最終能留下資產的贏家。

　　建立事業王國是一條漫長艱辛的路，就像王永慶先生所言，一根火柴棒價值不到1毛錢，一棟房子價值數百萬元，但是光一根火柴棒卻能輕易摧毀一棟房子……可見再怎麼微不足道的細節，也潛藏著驚人的破壞力，不容小覷。這都是未來各位領導者所要費心思

考的問題。

　　究竟，身為一家企業的領導者，或是一家店的靈魂人物——店長，應該具備哪些技能呢？

 有自信，
還沒成功前，也要表現出成功的樣子

　　有一次，我跟公會的會員到花蓮遊玩。回程路上，公會理事長覺得對一些人還不太熟悉，請大家輪流分享這次旅遊的心得，輪了一圈之後，理事長終於叫到我名字，但遊覽車已經下交流道，我必須得在 3 分鐘內完成分享。講著講著，沒想到我的發言引起了車上同行前輩的興趣，請我離開座位到遊覽車前面好讓大家認識，當時車子其實已經抵達下車處，但大家仍不願下車，讓我多講了一些時間。對我而言，這是一次很特別的經驗。

　　如何透過一對一的聊天，甚至是一對多的演說，快速吸引別人的目光，讓別人在短時間內接受我們的想法，是一門學問。想要講話很有自信，我建議先從「3 分鐘自我介紹」開始自我訓練。

　　我們的技術指導總監以往在店裡服務客人時，常在護理肌膚的 1 個半小時裡因為交心，而把客人弄哭。客人會在妳的面前掉眼淚，表示對妳有一定的信任感，才會掏心掏肺的把心裡話都說出來。如此一來，想要成交什麼課程或產品，根本不用多費唇舌，因為妳就

▲ 保持自信,隨時歡樂有活力。

是品牌。

　　你認真,別人就會把你當真!讓自己成為一個品牌,可以先從自我介紹開始。保持自信是一切的源頭,自信能讓我們即使遭逢失敗仍能抬頭挺胸。沒有人會永遠處於高潮,人生總是會起起伏伏,高潮的時候享受掌聲,低潮的時候享受寂寞。

　　在人生的低潮期,有一個故事支撐著我,這是前老闆告訴我的故事。

　　所謂日本的浪人,是失去主公的武士,為了尋求下一個發展機會,他不能過得頹廢,衣衫不整。在城邦與城邦間流浪的過程中,他們得想盡辦法,讓自己滿身酒味,嘴邊流著肉油,彷彿時時有人

在招待他們,以顯示行情不錯,日子過得挺好,只是正在尋找良木而棲。這樣的浪人,日後才會有較好的機會。

我常常認為,報復別人最好的方法,就是要讓自己活得好好的。曾經有位同仁,每天打扮得花枝招展,她說那是因為離婚後的她有次去倒垃圾,當時自己蓬頭垢面,竟然遇到前夫,讓她覺得十分難堪……有了那次經驗之後,只要出門她必打扮,因為她要讓人知道,縱使離開了前夫,單身的她過得比以前更好。所以我有時會開玩笑地說:「女人最漂亮的兩個時期,就是結婚前還有離婚後。」

我深信,自信是一切力量的源頭,聽過澳洲演說家力克‧胡哲(Nick Vujicic)的故事嗎?雖然他出生時患有先天性四肢切斷症,沒有長成完整的四肢,但每次看他的 YouTube 故事都會深深地被感動,他的演講充滿了自信,殘疾無法將他打倒。可見,擁有自信才能通往嚮往的成功境界。

記得我小時候因為牙齒不整齊,讓我不敢露齒大笑,以至於給人一種憂鬱的感覺。一直到出社會學做生意,每天必須得面對客戶,不得不笑口常開,才在 28 歲的高齡去整理牙齒。說也奇怪,整牙後的照片看起來人明顯心情變得好很多。人若能自然展現自信當然最好,但若是面貌、牙齒或五官有什麼自己不是很滿意的地方,不妨盡可能地去改變,要不然就是轉念全盤接受。

就像我讀大學的時候,曾因自己皮膚黝黑而感到自卑,後來心念一轉,我為自己取了一個綽號,叫做「小黑」,我的黑反而變成

我的標誌。

　　講述這段故事，不是鼓勵大家以貌取人，而是說一個乾淨美麗的外貌，的確會比較受歡迎，尤其是像我們需要每天接觸客人的行業。過了中年，很多朋友都會笑我，發福成這樣，怎麼敢說自己從事美的事業？所以，這幾年我也很努力地控制體重。

　　窈窕佳人為了讓每一位員工都能很有自信，在我們的新人訓練課程（小野雁培訓班）中有一門課，會要求學員站在椅子上（我還曾騙她們要去火車站前面），面對其他同仁大聲喊出「小野雁歡呼」，以及未來 1～3 年期望在窈窕佳人獲得什麼。雖然有很多學員不敢踏出這一步，但是機會總是降臨在勇者身上。

　　在店長的鼓勵下，幾乎所有的夥伴都能站在舞台上，具體喊出自己想要的未來。做這個動作其實只有一個目的，就是要突破心防，展現自信。不管是學習或面對顧客，都會有長遠正面的影響，更何況是準備創業的人？因此，我們一定要拿出自信心，在還沒成功之前，就要時時表現出成功的樣子。

 尋找且分配資源

　　好的領導者，不必把所有的事情攬在身上，雖然事必躬親是好事，但是帶頭的人還有更重要的任務。例如尋找資源、分配資源，這兩者在擴大經營時，是最大的考驗。目前，美容產業遇到最大的

2 個難題分別如下：

第一、不知道客人在哪裡。

　　這一點要透過「行銷」來改善。現在的行銷方式越來越多元，單店的美容業者在經費上會比較困難，加入別人的連鎖體系也許是一個解決的方法，例如人力銀行的年費，就可以省下來；還有之前講的服務力跟銷售力，本職學能的建構，不斷地學習才能維持經營動力。像窈窕佳人，行銷費用就能讓所有直營和加盟店分攤，降低各店的行銷經費壓力。

第二、生意好的時候，人手不足。

　　這應該是服務業共同的難題，因為少子化的關係，招募人才本

▲ 我到大專院校進行企業宣導，培育人才很重要。

159

身就很困難，更何況是要育人與留人。我會建議，可以透過鄰近的大專院校協會、職訓局、各地就業中心、美容美髮補習班等，與其保持良好關係，最好是能夠去授課或演講，直接認識學生。像王品集團的創辦人戴勝益、歐萊德的老闆葛望平，他們經常在學校演講傳達理念，進而吸引不少跟隨者進入公司。

 ## 賞罰分明，恩威並施

有一回，可能是因為我長時間不在公司，有位店長問我：「是不是有交棒的想法？」我否認，並詢問對方為什麼有這樣的想法。她說她會擔心，我反問她，如果有一天我真的有這種想法，妳會有什麼意見？那位店長說，希望下一個接棒的人，一定得是一個公正、公平的領導者。可見在同仁的心目中，這是最在意和擔心的重點。

跟學生和朋友聊到管理企業時，最後我都會建議要培養自己的領導氣質。除了正面積極的態度之外，「賞罰分明，恩威並施」這8字箴言必須做到。

講出去的話，建構好的制度，應該獎勵的項目絕不吝嗇；觸犯規則時應該處罰也不能有任何情感區別。在我們的體系裡，也會有大學同學或親戚的小孩進來學習或工作，每當有爭議的時候，我絕對會選擇站在店長這邊，不會讓員工有靠關係好辦事的錯覺。

　　有一次，有位親戚來應徵，我直接交給我們店長處理。店長面試完後回報我說：「那位親戚能力不錯，但非常強勢，我不知道她進來後是她管我還是我管她。」我聽懂店長的言下之意，她擔心駕馭不了我那位親戚。我二話不說，直接尊重店長的決定，不予錄取。

　　因為這件事情，那位親戚直到現在都還無法諒解我。這樣的例子其實不少，但我講求的是賞罰分明的重要性，不然同仁們會因為對公司或對我失望，喪失信心而離開。

　　夥伴之間有任何婚喪喜慶，只要時間允許，主管們一定要參加，為了怕有比較心態，我們自有一套 SOP，像是紅白包的金額都是固定的。什麼時候可以施恩，什麼時候是建立威信的最好時機，主管們都要懂得掌握。以上這些事情都做得到的好店長，通常都可以換來省時、省心、省事的管理。而且，店家的凝聚力提升了，業績當然就不在話下。

　　不管體系內的人員多寡，都需要一套管理系統來支撐，當我們能做到恩威並施，施恩時夥伴可以感受得到上層的用心，施威時夥伴能體會這樣對個人成長有所幫助，這個領導人就成功了。

 向優秀的人學習

　　曾經，我以為領導者和跟隨者是兩種人，後來才知道，即便是

總統或總經理，也必有他們想要跟隨的對象，領導者同時也會是個跟隨者與聆聽者。好的跟隨者不一定就是乖乖牌，如同一頭唯命是從的綿羊，若當組織中只剩下上頭的人肯發言時，一言堂的局面，就會讓企業的成敗決定在少數人的身上。

　　幾年前，我有幸和幾位同學們與王品集團的創辦人戴勝益有 2 小時的短暫請益，因為我事前已經做過很多功課，所問的題目皆能針針見血。

　　戴先生對王品內部最自豪的，也是多次提到的「中常會」這個名詞。當所有的決策或公司規定皆無法明確定論時（包括灰色地

▲ 幾年前，我曾請益王品集團創辦人戴勝益先生。

▲ 向優秀的人學習。

帶），都可以在「中常會」中獲得解決。戴先生説，中常會開會時，大多是同仁在發言，他只是不斷的點頭和讚美，不得已需要用到否決權的時機不會超過 5％，我認為這是領導者極有效跟隨的表率。

「跟隨者」不應該是個輕蔑的字眼，反而是傾聽和溝通的表現。當一位領導者少了願意跟隨的人時，只不過是一位空有理想抱負卻無法使力的空殼。在經營窈窕佳人時，我常會跟店長或有意成為店長的人選説：「若有一天當妳發出聲明：『公司讓我到一個新的門店擔任店長，有誰願意和我同往？』當下跟隨者的反應，將證明妳之前的努力成果是否正向。」

班上有位同學剛被公司重用，榮升為副總經理，我向他請益：「我的大學同學和我們同年齡學歷者，大多數人無法達到同樣的成

就，您是如何辦到的？」我記得，同學當時回答我：「能力和專業，都不是主因。重點在於個人的『企圖心』」。

在桃竹苗擁有十來家大型連鎖藥妝店的合康藥局董事長何夢婷指出，公司在遴選店長時，在多方的考量後，最後的決定通常取決於「店長本人的意願」。有強烈意願的同仁，比較願意拿出相對的責任承擔；這就跟窈窕佳人美容機構一樣，在徵選店長時，也是要看店長是否願意拿出資金來入股該店為優先考量。因為，肯多付出一些的人，能充分展現出企圖心，方能承擔大任。

領導者必須善於跟隨，詹姆士‧杭特（James C‧Hunter）在他的著作《僕人》中指出，有效的領導應該是倒金字塔型。站在第一線的服務人員或員工，為了全心照顧顧客或完成成品，再上一級的組長也要能把第一線的同仁當成顧客一般，竭力達成他們的要求。再上一級，再上一級亦然……領導者和跟隨者的職責都必須要得到滿足，工作流程才能順利進行下去。

領導者在成為領導者之前，通常都是好的跟隨者，如同最優秀的領導者都是優秀的跟隨者一樣。跟隨者和僕人都有為別人服務的意思，好的服務人員是不卑不亢，好像紳士或淑女為另一位紳士或淑女在自己家裡服務一樣，自在又充滿自信。當一位領導者為下屬服務時，換來的往往是感激與尊重。

領導者須容許組織裡有不同的意見，也絕不容許跟隨者沉默不語。因為，有權力的人對下屬就有責任，跟隨者也有義務對領導者

知無不言。唯唯諾諾的跟隨者，不會比敢言、敢創新的人來得吃香。一個收放自如又懂得向上管理的人，往往是接班的最好人選。

懂得反省與改變自己的人，往往在經過時間的淬煉後，會養成成功者的心態，進而為自己爭取成功。大部分的人不願接受別人善意的建議，原地踏步卻不自知；惟有時時刻刻去揣摩且學習別人的領導特質，慢慢的，自己才會有同樣的氣質產生。

 ## 作一個自我激勵和激勵別人的天使

在窈窕佳人文化公約裡有一句話：「領導的秘訣在於如何被領導，作一個自我激勵和激勵別人的天使。」經營事業沒有一帆風順這種事情，過程中一定會遇到很多挫折，在順風順水時，把事業做成功，沒什麼值得驕傲，反而是在逆境失敗的時候，還可以把生意辦得有聲有色，這就讓人佩服。

我常常會和店長們舉一個歷史上的例子：《望梅止渴》。故事大意是，曹操有次率兵行軍途中，因為一時找不到水源，士兵乾渴難耐，曹操就騙士兵說，記憶中前面有個梅林，梅子又酸又甜，聽著聽著士兵流出口水來，暫時解渴的故事。

尤其在最低潮的時候，領導者沒有權利沮喪，在疫情期間我發了這樣的簡訊給我們的同仁：

給窈窕家人的一封信

2021 年 5 月中，整個國家陷入嚴峻的疫情，我們的行業需要跟客人近距離的服務，所以在進入第三級時就被勒令停業，所有的服務業都是哀鴻遍野（執行長是加盟協會的成員得知），公會的理事長目前正極力為我們爭取一些補貼，大部分的房東也願意降房租給我們，事出突然，月中會的時候店長們考量伙伴的生計，決定五月份所有同仁薪水照發最低底薪，若有獎金也會發出，這要感謝店長們平時在店家都有預留預備金。

看這兩天的新聞，發現疫情可能會拖一陣子，店家還是要保持實力，六月份之後不得已還是要以政府規定的方式給薪，就是有上班才有薪水，如果經濟特別困難的伙伴，可以參考各縣市政府的安心工作計畫，至少還有一些收入進來。

這段時間雖然不能到處跑，但行政和我都會進公司，我們會加強網路的行銷（現在就有 PO 文比賽），請各位家人們動動手指頭，讓我們的貴賓們習慣我們的存在，也讓她們看到我們的用心。

昨天公司緊急投保了所有分店防疫企業保險，謝謝所有店長一致通過全力配合（執行力的展現），也鼓勵所有的伙伴可以找您的保險員投保，危機就是轉機，相信很多服務業會撐不過這次疫情，只要伙伴們相信公司，執行長有信心能夠帶領窈窕佳人度過這一次的難關，期望疫情快快結束，大家可以回復正常的生活，曾有科學家研究，台灣是全世界磁場最好的地方，天佑台灣，大家加油。

窈窕佳人　執行長　王瑞揚

能夠激勵別人，也是身為一個領導者不得不具備的技能，看看那些事業成功的老闆們，通常各個都是優秀的演說家。例如中國的革命之父孫中山先生、發動二次大戰的希特勒，都是善於激勵人心的演說家。

好的言語，可以讓人如沐春風，作為老師可以春風化雨；作為事業的經營者，可以激發員工的鬥志。所以口才也是領導者必備的的技能之一。

▲ 自我激勵，鼓勵別人。

練習把自己的心養大一點

領導者的態度很重要，因為態度決定了高度。

101 大樓的工地裡有三個建築工人，一個說：「我在工作。」另一個工人說：「我在為家庭付出賺錢養家。」第三個工人說：「我在為台灣創造世界第一大樓，為建築界樹立一個典範與奇蹟。」

為什麼同樣是建築工人卻有不一樣的工作態度？態度決定了高度，高度又決定了事業的寬廣程度。

我去大專院校演講的時候，常會給學生以下的功課：

1. 去看 100 萬以上的車子

雖然還買不起，但可以去體驗一下高端汽車的銷售人員如何服務與推銷。坐在車裡，不妨想像一下，未來的自己也買得起。

2. 去看 1000 萬以上的房子

我當然知道學生買不起千萬房子，除非是含著金湯匙出生的富二代。但透過看屋可以瞭解銷售高單價商品的服務人員，是如何說服消費者出手？又用了什麼樣的話術？若能用心觀察，會有很多值得我們學習的地方。

▲ 我回母校交大 EMBA 做創業分享時，會鼓勵大家把心養大一點。

我鼓勵大家把心養大一點，因為觀念會決定行為，也決定成功的模式。

我的第一份工作在新竹科學園區，只做了半年就被課長 fired，我很感謝也慶幸這位課長 fired 我。雖然失去固定的收入，但是卻讓我獲得自由，讓我脫離科學園區裡，用新鮮的肝去換取薪水的日子。

我一直都記得，我在科學園區領到第一份薪水後，就帶著當時的女友（也就是我現在的太太沂蓁總監），去日月光附近看 500 多萬元的別墅，她很不能理解的説：「我們又沒有錢，你帶我來看這個買不起的別墅做什麼？」我跟她説：「妳仔細看著我的眼睛，妳

看到什麼？」當然不是眼屎，她回答我：「我看到希望！」

當我還是個窮光蛋，尚在唸書時，她已經在工作了，可以說我有 3 年的時間都在花她的錢。現在回想起來，她待我真是好，一直把我當作績優股一般，長期投資。

國際名導李安曾經有 6 年的低潮期，因為太太的堅持，後來先生才名揚國際。他曾經分享過這段期間，因為心理愧疚、自卑，除了拼命找機會拍電影之外，家裡大大小小的事情包括洗衣、接送小孩，都是他一手包辦。有一次跟孩子講故事，還說媽媽晚上就會帶著獵物（指生活費）回家了……

我看了李安的故事，發覺我們有點類似。在我剛遭遇失敗負債時，也是沂蓁總監守著總店的工作，披星戴月的工作著。不論再怎麼不知所措，我只能努力把家裡打點好。當然，我也曾嘗試去找工作，做過 1 個月勉強糊口的工作，過著自卑的生活，連南部或娘家都不敢回去。當時的狀況，就算我真的去工作，光憑 3、4 萬元的月薪，也解決不了近 1000 萬的負債問題。幸好老天眷顧，我們只花了 2 年多的時間就東山再起。

想想看，當我們在路上看到有人開著千萬跑車時，你有什麼想法？

大部分的人想法可以分成兩種：一種是：「這個人這麼有錢，肯定是靠不法的方式發跡」；如果駕駛是美女，可能還會想：「她

應該是別人的小三或者是富二代。」

另外一種人的想法是：「我也想要成為開這種跑車的人！」

如果你是後者，相信你是一個積極的人，會懂得思考如何成為有錢人，而不是只會去嫉妒別人。

想要成為成功的創業者，首先要建立正確的心態，心態正確就會做出對的事情，每個人難免會犯錯，但是對的事情做多了，離成功自然就不遠了。

大家有聽過，「鴻鵠之志」的故事嗎？秦代首位起兵抗暴的志士陳涉，年輕時受雇成為農夫，有一天他耕作到一半在休息時，望著天空沉思，期許自己將來若大富大貴，一定不能忘記現在的困苦！與陳涉一起在田裡工作的夥伴聽到了，忍不住譏笑他說：「像我們這樣卑下的莊稼漢，將來有什麼富貴榮華可言呢？」陳涉不禁嘆口氣說：「唉！一隻小小的燕雀，又怎麼能體會我鴻鵠般的志向呢？」

目標有多大，苦難就有多大。不管是處於順境還是逆境，我一直認為自己將來會有飛黃騰達的一刻，雖然這個志向在成立窈窕佳人之前，就徹底失敗過兩次，但只要心中有希望，我相信「自助人助而後天助」，老天爺最終仍會幫助我們的。

171

如何提高留任率

王品餐飲集團十分重視員工,因為「沒有滿意的員工,就沒有滿意的客戶」。

因此,員工的滿意度也很重要,因為員工滿意度會牽涉到他在公司的留任與否。這一點窈窕佳人的員工留任率還不錯,許多老員工都是從我們創業之初就跟著我們一起打拼到現在的。有人從單身小姐做到當二寶媽媽;也有同仁離開後再回來;甚至有人真的離開自立門戶,也與我們保持著不錯的關係。

沂蓁總監常說:「當自己的存在有利於他人時,才能讓人體會個人的價值。」因為當工作的成就感比個人的收入還要重要時,工作就不再是工作了,而是促使自己成長的動力。沂蓁總監希望員工的留任,是能夠把這份工作當成事業,透過學習與努力,把人生的

規劃一一實現，也看到更好的自己。

想要提供員工的留任率，我會建議從以下方面著手：

 ## 薪水必須到位

王品集團戴勝益有一個「海豚理論」。他發現，海豚可以在人類的指導下做出相當多的動作來搏得觀眾的歡心。每一次海豚做出訓練人員指定的動作後，都會收到訓練人員及時給的小魚作為獎勵。窈窕佳人也有一套即時獎勵的制度，就是將紅利每個月即時分給入股分店的美容師，而不是採取季分紅或年終分紅的方式。

薪水很重要，畢竟大家努力工作最起碼要獲得到相對的報酬。窈窕佳人的資深美容師如果月薪領不到 4 萬元以上，我會認為是店長能力不足，而責怪店長的。

▲ 王品集團戴勝益先生。

▲ 結伴去過年團拜，大家更有歸屬感。

有熱情的領導者能留住人

拿破崙曾經說過：「一隻獅子領導的兔子群，可以打敗一隻兔子領導的獅子群。」成功的團隊需要一個熱情主動的領導人，如果領導人本身的專長又是團隊需要的領域，更是加分。

一個熱情的團隊比較容易創造高成長的業績；相反的，一個沒有激情的團隊，客人一定能感受得到。試想一個陌生客人進到我們店裡，感受到的氣氛將直接影響他消費的意願，進而造成職場氛圍的好壞，這當中最重要的靈魂人物，就是領導者（店長）本人。

每次月會前，我們都會朗讀窈窕佳人公約，當中有一條是：「用你的眼神跟微笑做一個好聽眾，常常注意自己的眼神跟微笑所產生

的力量。」

　　這個簡單的動作需要練習。有些人天生就具備這樣的親和力，就像沂蓁總監，天生就給人家一種溫暖的感覺。而我和一些店長則是靠著後天的練習，練習久了就會習慣，成為自然的表現。

　　曾有一位儲備店長，技術和銷售能力都沒有問題，但是就是給人冷冷的感覺，我經常提醒她要保持微笑。因為根據我的觀察，熱情的領導者比較能夠留得住新人和客人。

　　哈佛大學教授康特（Rosabeth Moss Kanter）就曾說過：「薪資報酬是一種權利，肯定卻是一個禮物。」領導者適時給予員工肯定，不管是一句話，甚至是寫一張卡片，有時真的很有鼓舞效果。

　　領導者還要常常透過聚會來營造歸屬感，我們每個月都會發放3萬元不等的獎金讓各店聚餐。聚餐不是只有吃吃喝喝，透過聚餐能讓店長更加瞭解夥伴們的心聲和個性。領導者不要讓人覺得高高在上，很有距離感。像我常常帶員工出去玩，員工的家長看到我都會笑說：「妳們老闆怎麼不像老闆，比較像是朋友？」親民沒有架子，賞罰分明，掌握時機的恩威並施，贏取夥伴們的信任。當員工有心事，會想要找店長傾訴時，這位領導者就成功了。

　　卡內基說，人要減少批評、責備、抱怨、挑毛病，才會快樂，也才有可能好好跟別人相處溝通，並帶給別人快樂。所以，領導者沒有愁眉苦臉的權利，不然會害得員工們工作士氣低落；父母也

是，如果總是愁眉苦臉，孩子也沒辦法快樂起來。

學習積極快樂正面的思考，就是要時常保持微笑，不僅自己快樂也影響別人快樂。當我們說愛的時候，嘴角自然會停在上揚的地方；當我們說恨的時候，嘴角也會自然下垂。那些笑口常開、嘴角不時上揚的人，通常人緣都很好。巴菲特在自傳裡也曾提過，員工很喜歡跟他一起工作，因為他喜歡讚美別人，使整體氣氛愉快，自然人緣好。所以，每位領導者工作前不妨先問問自己：「我快樂嗎？」、「我能不能幫助別人快樂？」

 ## 懂得讚賞與激勵員工是關鍵

小的時候不懂得照顧自己，寒冷的冬天穿了一件汗衫，就自己去家附近安親班上課。安親班的老師很漂亮，對我說：「太厲害了吧，你都不會冷哦？身體真強壯。」被老師這樣讚賞，那一年的冬天，印象中我都只穿了那件汗衫。

沂蓁總監一直對店裡的環境特別的重視，不管在工作場所還是家裡，每天都會掃地拖地。原來，她說是因為小時候曾經被媽媽讚賞過自己掃地掃得很乾淨，從此之後就愛上掃地，看到地上不乾淨就會不舒服。

隨時隨地讚賞誇讚身邊的人，也許一開始有點不習慣，但是在刻意的練習下，慢慢習慣會成為自然。您將會慢慢發現自己的人緣

變好了，人際關係說穿了，不過如此。

　　什麼是高 EQ，就是在心情不好的時候，可以和顏悅色對待別人，忍得下脾氣；反之，在心情愉悅的時候，該罵人還罵得出口。

 ## 讓老員工影響新進員工

　　讓整個團隊都有相同的目標，才能走得成功又長遠。世界頂尖演講者安東尼羅賓曾說過：「想要減肥的人千萬不要跟胖子在一起。」金氏世界紀錄保持人喬吉拉德也曾說：「每個人都有 250 個

▲ 讚賞與激勵：我們會在月會頒發獎項和紅包。

朋友，80％對你毫無幫助，20％的朋友屬於積極正面的，其中5％的朋友甚至會幫助改變你的一生。所以你對朋友不該一視同仁，你應該花時間跟影響你一生的人在一起。」

東方至聖先師孔子有云：「益者三友：友直，友諒，友多聞。」朋友會直接影響到我們積極上進或墮落沮喪。如有興趣，可將身邊朋友的財務狀況做個歸類，你會發現，資產有1000萬的人，他們的朋友財務狀況大概也都有1000萬以上；有買房子的人，他的朋友大多也都擁有房產。相反來說，愛使用信用卡循環利息的人，他的朋友大多也處於負債的危險邊緣……這就叫做「物以類聚」，同性質的人會相互吸引，包括職業、習慣、興趣。

近朱者赤，近墨者黑，同事的工作心態會互相影響。舉例來說，當我們打算有所突破時，如果同事朋友都不約而同地一直潑冷水，就像一籠子螃蟹，有一隻螃蟹試圖爬出籠子時，其他螃蟹會不斷地將牠抓下，而被抓下的螃蟹怎麼樣都爬不出籠子。

因此，如果能夠慎選前期加入公司團隊的員工，有了良好的範本，就能讓之後加入的新員工觀摩學習，型塑良好的工作氛圍，留住優秀的人才。

 ## 公司制度要規範清楚

「股神」巴菲特（Warren Buffett）發現培養以久的接班人索

柯爾（David Sokol），竟然利用公司職權作內線交易，便迅速將他撤換掉。因為，當某公司的執行長在道德上有瑕疵時，巴菲特絕對不會投資這家公司。比起賺錢，他更重視道德基礎，因為當企業執行長的人格有問題，代表有部分機率的麻煩也會隨之而來。

誠實的價值，是巴菲特最珍惜的企業文化；也就是說，在巴菲特的帝國裡，經理人可以犯錯，公司可以賠錢，但就是不能說謊。

其實，不只巴菲特，阿里巴巴董事長馬雲也曾在創業之初請了一位會計，這位會計竟然將公司的資金，不知不覺之間一點一滴的乾坤大挪移，好長一段時間後才被公司的財務發現漏洞；但是馬雲沒有指責任何人，他認為這是公司的制度問題。

很多人事上的問題，若能在制度方面規範清楚，就能防範於未然。以前的分店常會聽到有美容師在完成療程後，短報或少報，甚至故意漏開發票之類的現象。這類的弊端其實在美容業很常見。這也是我們為何在窈窕佳人創業之初就堅持邀請店長入股店家，以股份制的方式經營，達到共治、共享、共好境界的原因。

當經理人被信任時，資方也不會吝嗇於分享財富，公司才可以走得長遠，永續經營。團隊中若有不信任的因子存在，領導者必須馬上給予調整，面對問題，問題自然就會消失。

這也是我們每次在推出政策之前，公司都會與各店店長先行溝通，大家都達成共識之後，才會產生信任，化作力量。

讓不適任的人離開也是好事

　　領導者還需要時時保持正面的思維。曾有一位主管,能力非常強,我也很欣賞她的辦事能力,希望未來能夠給她更多事情處理。事實證明,在沒有上司指導的情況下,她除了可以把事情做得很好之外,還能舉一反三,替她的主管設想到沒有想到的小細節;為了讓公司更好,她會時常想新方案,是一位主動積極的員工。可是,好幾次無意間從其他夥伴口中得知,她是一位會邊做事邊抱怨的人,這一點讓我有點驚訝。

　　我提醒她,這種習慣無法替你在未來領導的路上加分,而且我們都不是不好溝通的人,要會管理下屬,也要懂得如何向上管理;若公司真的有不好的地方,那也沒什麼好留戀的,不如早早離開,下一個團隊或自行創業也許會更好。我從來沒有看過十全十美的公司,只能盡善盡美,盡量滿足伙伴的需求。

　　還記得以前有一位美容師條件很好,美容的技術很快就能上手,店長對她讚譽有佳;但是 3 個月後她就顯現原來的個性,她很喜歡抱怨,抱怨公司、抱怨店長、抱怨客人、抱怨產品⋯⋯我們曾經找她深談,可是有些人江山易改,本性難移,當心裡的不滿無法得到解脫,又無法敞開心房尋求解決之道時,問題就會越來越嚴重。最後,為了團隊好,我跟店長不得不做出讓她離開的決定,因為團隊裡有這樣的負面力量,有時是很危險的。

　　曾有一家店業績一直上不來,店長跟我抱怨,她的其中一位美

容師在店裡只會讓客人不舒服，很多客人都是因為她的負面情緒而離開；經過幾次檢討，我責備店長無法做出裁員的決定，不得不自己來下最後通牒。最後，店長只好讓她離開。2 個月後，這家店業績回到原來的水準，連續幾個月還得到公司的老鷹獎。

　　太多的例子都在告訴我們，一個正面熱情的團隊，伙伴可以開心上班，收入也不會太差；相反的，一顆老鼠屎會將整鍋粥都弄臭了，領導者不可不察。

▲ 兩家店就在社區會議室開月會。

心

最大優勢 1
共好文化

有很多人會開店，但不懂得經營管理，因此大部分經營不善的原因，問題都是出在管理方式，而企業的管理方式又與企業文化習習相關。

初期的企業文化建立在領導者身上，領導者若是脾氣暴躁，大權獨攬，因為不信任下屬，無法充分授權，喜歡透過謾罵的方式進行管理，上行下效，自然整個公司的氣氛就會處於緊張氛圍，時間一久，就會慢慢形成企業文化。

2009 年初，我鼓勵夥伴們多多讀書，為此我甚至成立了小小的圖書館。當時我推薦的第一本書，就是企管作家肯・布蘭佳（Ken Blanchard）在 1997 年所發行的《共好！》（Gung Ho！），沒想到，這本書後來也成為整個團隊的文化之一。

《共好！》是在講述一家生產效率低落的公司，因為開始採用共好的原則技巧，解救了 1500 人免於陷入失業的處境，甚至將事業推向高峰的故事。

其中，作者所提到的「共好原則」是以松鼠、海狸、野雁 3 種動物為主軸。剛好，我本人也很喜歡用動物的習性來和夥伴分享工作的態度，例如螃蟹、海豚、猴子、老虎、老鷹、馬、羊……我都可以講出一套管理哲學。

因此，我把《共好！》書中講的 3 個動物，再加上我自創的老鷹，透過這 4 種動物的天性領略做事的道理，就成為窈窕佳人集團的最大優勢——共好文化。

海狸的方式
專業的服務，獨當一面
掌控達成目標的過程，
培養能力同時面對挑戰。

老鷹的蛻變
高度自我期許與自律
勇敢訂定目標，並克服
錯折，成功完全在於
個人的態度。

野雁的天賦
輪當領頭雁，互相鼓舞
成為團隊中的天使，
了解正面思考的力量，
學習領導魅力。

松鼠的精神
互助與合作，良性競爭
做有價值的工作，明白
付出努力可以讓個人和
社會變得更美好。

松鼠的精神：良性競爭、互助與合作

認清工作的重要性，做有價值的工作。工作必須能指向一個明確、共同的目標，而且所有的計劃、決定與行動，都必須以價值為依歸，明白所付出的努力可以讓個人和社會變得更美好。

海洋生物學家在紅海的海底發現一種海鱔，竟然會與完全不同種的石斑魚一同合作狩獵。石斑魚會在一早來到鱔魚的洞口，邀請鱔魚一起打獵，海鱔則會在礁石間穿梭，將獵物趕出礁石外，讓石斑魚在礁石外尋捕。這樣的合作關係，讓他們獵取獵物的成功率增加了 5 倍。

在森林裡，一塊少見的綠地上，松鼠彼此之間會為了搶奪食物而互相競爭，甚至咬傷對方；但是只要有一隻松鼠發現附近有天敵，例如：狐狸、老鷹時，他們會馬上警告同伴，趕快藏好自己以免遭受攻擊，因為在野外求生存，團隊合作是必須的。

在團隊之中，人與人、組織與組織之間，常常存在著互助與合作，而競爭更不在話下，但領導者應將其導向良性競爭，並讓組織充分體會該工作的價值，甚至產生使命感。能做到這樣，員工就不會再將薪水、休假等福利放在第一位。

近朱者赤，近墨者黑。團隊成員之間自然會相互影響，就像如果想要減肥，千萬不要跟胖子在一起；若想成功，就得遠離負面思考的人一樣。亞里斯多德說：「如果說優秀是一種習慣，那麼懶惰

也是。」習慣是我們平常一言一行日積月累而成，如果大家都能把優秀當成是一種習慣，自然就能改變自己、影響同事，進而形塑團隊氛圍。切記！成功是好習慣的發揮，失敗是壞習慣的累積。

有時，想維持良性競爭，還需要一點技巧。有經驗的漁夫，會在漁籠中放入一隻土虱，因為土虱不時會去攻擊其他的魚，有助於高經濟價值魚種在運送途中減少死亡；這個道理就像草原上的鹿為了躲避肉食性動物，必須時時保持警戒，因此野生鹿的平均壽命反而會比飼養鹿還要長的道理在此。

英雄主義者往往就是組織裡的那一隻土虱，可以讓團隊保持高度警戒，避免熱情降低。我們所重視的松鼠精神是要能競爭且同時合作；沒有競爭就不會進步，沒有合作就沒有團隊，這是相輔相成的道理。

除此之外，也可以嘗試「視覺化管理」。曾有店長跟我抱怨，店裡的美容師每天服務的客戶量能差距很大，有人每天只做 2 個客人就不斷喊累，有人每天可以做 5 個人，甚至有人可以一個月服務百位客人。差距如此之大，同事們因此常常出現抱怨的聲音。

我請店長把店裡美容師每天服務的客戶人數，公開寫在美容師休息室的白板上，2 天之後，店長很開心的打電話給我說，埋怨消失了！完全不用她再多費唇舌，效果非常顯著。

這個道理很簡單，工作者透過觀看每天上班前的報表所產生的

榮譽感，進一步主動發起良性競爭，表現積極的員工不會再有抱怨，全員合作並互相鼓勵，他們會為了目標而努力；反之，原本落後的人也會被激勵。這種方法對公司來說，整體業績不僅能大幅提升，也可提升團結力和競爭力，無需多費心思在處理人事問題上。

野雁的天賦：輪當領頭雁，互相鼓舞

野雁一旦脫隊就無法繼續下一個旅程，如果一隻野雁生病或因槍擊而受傷脫隊時，另外兩隻野雁也會脫隊跟隨牠，幫助並保護牠，直到牠能夠飛翔或者死亡，那時跟隨的野雁才會飛走或隨著另一隊野雁來趕上牠們自己的隊伍。

▲ 新人培訓：野雁的歡呼。

▲ 透過遊戲，學習小組團隊合作的精神。

　　無論是表態式的肯定或意識型態的認同，都必須即時回應、無條件的給予熱情鼓勵，期許領導人成為團隊中的天使。得分是比賽獲勝的原動力，針對夥伴的努力過程表示讚許，熱情等於任務乘以現金（實質獎勵）跟喝采，瞭解正面思考的力量，學習領導魅力。

　　卡內基説：「一個人的成功決定在他的人際關係上，專業只佔了一小部分。」有時，朋友能帶領你通往成功的道路，讓你走得更順暢，甚至一帆風順。不管是何種情況下，朋友的幫助是不可或缺的，夥伴也是。

　　為了讓團隊能飛得更高更遠，夥伴之間要懂得輪流擔任領頭雁，互相鼓舞，彼此成為團隊中的天使，瞭解正面思考的力量，學習領導魅力。

▲ 成為對的領導人，才能創造團隊價值。

　　領導的最高原則是要懂得如何被領導，人多不等於力量大，三個「臭皮匠」為什麼能勝過「諸葛亮」？紀律是不可缺少的一環，將個人目標融入團隊目標，個人的成功才能成為團隊的成功。當公司所有人都能積極進取時，企業一定可以成功，只是時間長短罷了。從天地與萬物自然現象之中學習管理的法則，就好比《老子》：「人法地，地法天，天法道，道法自然。」

　　西遊記故事中的 4 個主角，全部都完成西天取經的任務順利成佛，有賴這個團隊的領導——唐三藏，是他堅持不懈，目標從未改變而成功；其中孫悟空的功勞最大是，一次一次的難關，都盡了最大的努力去克服，因而成功；而沙悟淨是裡面話最少的，但有他兢兢業業、無怨無悔的付出，因而成功。有人會問，每次遇到困難只會扯後腿的豬八戒，常常跟猴哥說：「我們散了吧！」但到了最後，

他也成功了。所以問題的關鍵是,只要跟對團隊、選對環境,就較容易成功。

 老鷹的蛻變：高度自我期許與自律。

勇敢訂立目標,克服挫折,成功完全取決於個人的態度。

林肯在一次競選失敗時曾說:「此路破敗不堪又容易滑到,我一隻腳滑了一跤,另一腳因而站不穩,但我回過頭來告訴自己,這只不過是滑了一跤,並不是死亡後再也爬不起。」屢敗屢戰是每個成功者必經的路程,端看你究竟會為了小挫折而放棄自己?還是目視前方毫不猶豫,心無旁鶩的繼續前行?

▲ 在窈窕佳人還會安排瑜珈課,照顧同仁身心健康。

189

很多老一輩的人說：「年輕就是本錢」這句話並非沒有道理，年輕的確是比較有時間失敗、振作、再次失敗、再次振作，一步一步走到憧憬的目標。但只要「肯做」，挑戰別人不肯做的事，這般學習態度良好的人，不論歲數，「成功」一定在終點等著他。

　　這種克服挫折的能力，在老鷹身上表露無遺，甚至可以說，老鷹從出生開始，就是在挑戰各種挫折。老鷹在養育幼鷹的過程中，叼著食物回巢時並不會刻意均分給每一隻幼鷹，而是讓牠們公平競爭，誰先搶到誰先吃，完全不予干涉，因此有的幼鷹羽翼漸豐成長茁壯，也有些幼鷹骨瘦如柴。等到時機成熟，老鷹還會將幼鷹毫不留情地踢出巢穴，強迫他們飛翔和獨立生活；此時，未能發育成熟的幼鷹就會自然淘汰。因此，很多幼鷹根本來不及長大，不是活活被餓死就是被推落山谷摔死，能存活下來的幼鷹，未來都會是強者。

　　老鷹的意志力也很強大，根據研究，老鷹可以活到70～80歲，但是40歲左右時會呈現老態，包括鷹喙太長又彎曲無法啄食、羽毛雜亂太厚妨礙飛行、腳爪老化難以抓住獵物等。

　　這時，牠通常有兩種選擇，一是等死，二是做出困難痛苦但有機會重生的決定：飛到不受驚擾的懸崖上築巢，在岩石上敲打鷹喙直到完全脫落，再靜靜等待新生的喙長出來，用新生的喙將腳爪和厚重的羽毛拔掉，停留在那長達5個月的時間，待爪子和羽毛重新長出來，就能重獲新生，繼續精彩的生活。

 ## 海狸的方式：專業的服務，獨當一面

掌控達成目標的過程，要先界定清楚的範圍場域，釐清想法、感受、需求與夢想，每個人都應當受到尊重、獲得關心，並將目標付諸實現，具體培養個人能力，同時面對挑戰。

在沒有他人督促的情況下，就能做到專業的服務，獨當一面，是主管需要的人才。基本上，若能讓員工對公司充滿認同感，甚至擁有歸屬感，那麼管理就事半功倍了。

一個人的成就決定於 20％ 的專業和 80％ 的人際關係。我常常跟夥伴們說：「優質或高業績的美容師，他們的收入不一定和她的專業技術成正比，反而是與客人的互動關係有關。」我認識一個店長，報考國家丙級證照考了 4 次，到現在還考不過，但她的店業績卻很好。關鍵在她與客人的互動上，只要我們與客戶互動良好，客人往往就能寬容我們未臻完美的技術。當然，若有高超的技術更是加分。

專業指的不僅限於「技術」，也包含「服務態度」。曾經，我有兩個朋友去長春店試作療程，晚上我招待他們共同用餐，其中一個朋友對我們的服務評價是：「很親切，不像一般美容院，可以感受到員工是快樂的。」席間，其中一位朋友收到店裡捎來簡訊，內容是感謝顧客蒞臨本店，並提醒顧客第一次做臉後應該注意的事項，此舉讓客人對窈窕佳人的整體專業性大為讚賞。

▲ 戶外旅遊的同時，帶領團隊共讀《共好》這本書，
深化我們「共好文化」的精神理念。

　　當下我深刻體會到「以身為窈窕佳人的一員而倍感榮耀」，我
們要做到──「窈窕佳人出品，必屬精品」，有賴夥伴們用「服務」
來達成。所以，我們的團隊裡不會有人因為業績不好而受到責難，
大多是因為無法融入團隊精神才會離開。

　　窈窕佳人的成立宗旨就是「親切的服務、感動的品質」。我也
希望加盟主能夠先瞭解我們的「共好文化」，當理念一致時，我們
才能更順利的完成傳承。

窈窕佳人的「爭氣約定」

1. 不抱怨，不說我不會，有精神，面帶笑容。
2. 積極肯定正面思考，勇敢訂定目標，全力以赴。
3. 用您的耳朵和眼睛做一個好聽眾，謙虛有禮，任何人都是老師。
4. 展現熱情，做團隊裡的天使，而非惡魔。
5. 不放棄任何學習的機會，自我超越。
6. 先求回饋家人或幫助身邊的朋友，再求回饋社會。
7. 團隊的榮譽造就個人的成功。

▲ 窈窕佳人的「共好文化」文化牆。

193

最大優勢 2
內部創業

　　我和沂蓁總監曾是傳直銷的最高聘經銷商，組織崩盤失敗之後，我們創立了窈窕佳人，不僅融入直銷產業的 DNA，包括注重教育訓練、注重分享紅利、注重組織運作，也去除掉直銷產業為人詬病的老鼠會缺點，不以拉人頭為目的，更不以債養債。

　　除了「共好文化」之外，員工可以在窈窕佳人內部創業，是我們公司的第二大特色，也是留才的優勢之一。目前窈窕佳人的在桃竹苗地區已有十二家分店。

　　舉例來說，第二家店是我先買下店面後才開始裝潢的，我跟我朋友說，不管是誰要當店長，她一定要先入股。竹北店，是被客人捧錢逼著去開的，開辦費用 280 萬元，我要求想要當店長的夥伴必須入股 2 成，也就是 56 萬元。為什麼我要求店長必須入股？因為

股東必須和老闆站在同一陣線上，才能讓各分公司和總部一條心。

店長必須入股，
美容師也能成為自家店的股東

孫子兵法有云：「多算勝，少算不勝。」、「知己知彼百戰百勝。」創業前的準備，除了先建設好心理，還要找個能信任的好伙伴，成功也就不遠了。

窈窕佳人的「內部創業」模式，我從不諱言，是師法自我的偶像——王品集團創辦人戴勝益先生的模式，採取介於直營與加盟之間的「中間」模式，加上直銷的分紅制度發放獎金而成。

在權力的分配上，總公司握有一定的決定權，但總公司將這份權力委託給各店店長執行。在合理的範圍內，店長可自行決定店內的相關決策，若是比較需要統一性的事務，例如促銷內容、消費項目價格、操作流程等等，則需要所有店長討論出共識，不可擅自更動。因總公司握有相對多數的股份，因此若有店長出現脫序情形，總公司有權視情況收回經營權，避免產生不可挽回的危機。

只要公司有展店需求，窈窕佳人會優先從員工中挑選適合的人選來擔任店長；如此一來，企業的文化得以直接傳承，公司的營運模式也不需再多做溝通便能讓新店長理解。這樣一來，新門店的穩定性相對提高，就能降低失敗的機率。

此外，為了鼓勵店長能為總部培養更多優秀的店長或接班人，以利總公司的擴展，其培養出去的店長人選，總公司會讓原店長入股做為鼓勵。

　　就是因為這樣的內部創業模式，讓所有的員工都有當老闆的機會，只要努力培養管理能力，就能期許未來有機會管理一家店。窈窕佳人想給員工的是一個可以完成的夢想及未來。人員不易流動，公司便可更加穩固。

　　店長必須入股自家的門店，也能投資別家分店，而各家門店的美容師也能入股自家門店。當所有的員工皆是股東，同仁們就會為了讓自己有更好的收益，不論是內勤人員或美容師，都會竭盡所能的為公司賺錢。

▲ 員工就是股東，團結合作，一起開心賺錢。

 ## 連鎖加盟業就像站在巨人的肩膀，少走冤枉路

現在很多大專院校相關科系畢業的同學，都已擁有丙、乙級國家美容執照，但除了實際下場幫客人服務的經驗之外，跟對團隊很重要。好的團隊可以讓新人 2 個月內發揮所長，但有些連鎖店卻把新人當作傭人，半年、1 年也學不到任何東西。創業還是需要一點進程，先幫別人賺錢，學習且觀察別人的優缺點，待時機成熟、準備充分之後再做打算，不可有一步登天的想法。

我來跟大家説一個故事，這個故事深深影響著我。

有一個年輕人，一輩子都在追求財富，後來有人介紹他去遠方的仙山，那裡住著兩個神仙，一位是財神，一位是智慧之神，人們可以去拜訪祈求，必有回報。

年輕人欣然啟程，因為太想得到財富，他優先選擇了財神作為拜訪對象，歷經一番苦難，終於來到財神座下祈求財富。沒想到，財神就是因為夠吝嗇才能掌管財富，一年過去了，財神非但沒有給予年輕人財富，還讓他散盡盤纏，只能鎩羽而歸。

年輕人心想，既然千里迢迢來了，何不如再去見智慧之神帶點智慧回家？智慧之神高興地傾囊相授，財神爺看到後竟忌妒不已，智慧之神給年輕人多少智慧，財神就給多少財富。最後年輕人既得到智慧又得到財富，滿載而歸。

197

其實，智慧的累積有很多方法，大部分是從經驗中獲取，但真正聰明的人，是從別人的經驗獲取智慧。兩者雖然同樣都獲取了經驗，但是成功的速度不一樣。前者撞得一身傷，後者從一開始就能避開錯誤。想想看，換成是你，打算當哪一種人？

看到別人光鮮亮麗的一面，不代表我們也能依樣畫葫蘆，還需要天時、地利、人和等因素配合；如果我們沒有顯赫的家庭或有錢的老爸，我覺得最好的方式，就是站在巨人的肩膀上。巨人有多高，你就能看得多高、走得多遠。

這種「站在巨人的肩膀」來經營的事業，就是連鎖加盟業。台灣有許多連鎖加盟業被人詬病，是因為加盟主常常感受不到總公司提供的支援，甚至是不滿意總公司提供的服務。

我認為，身為一個加盟事業的總公司，應該要創造被加盟主利用和需要的價值。當我們的加盟主只需要專注在自己的本業，管理好自己的店面，無須受外面許多雜事的紛擾，總公司的價值就能呈現出來。就像綜藝教母張小燕接受雜誌採訪時曾說，她最不喜歡員工跑來跟她說，主管或製作人不喜歡他之類的話，因為她認為：「不是要讓主管喜歡你，而是要讓他需要你。」我喜歡這樣的說法，也相信如果加盟主能「需要」總公司，總公司也能「需要」加盟主，這個加盟事業就是成功的。

基本上，直營店和加盟店在經營管理、店面外觀方面，並沒有顯著差異，最大的差異在於直營店的所有權歸屬於總部，包含員工

直營店 VS. 加盟店的差別

直營店	優點	1. 所有權與管理權集中，容易發揮經濟規模效益。 2. 大量採購，可享數量折扣及低廉的運費。 3. 擴大經營規模，有能力聘請優秀管理人才，提高經營效率。 4. 集合批發及零售功能。
	缺點	1. 金額龐大、風險大。 2. 外在環境遽然改變時應變能力較差。 3. 展店速度較慢。
加盟店	優點	1. 可快速展店。 2. 迎合店主想當老闆的心理。 3. 風險較低，需要的資金較少。 4. 可因應環境的改變即時做出應變。
	缺點	1. 管理不易，素質容易參差不齊。 2. 若源頭不同，採購成本相對較高。

的任用、支薪、房租、設備購置、裝潢等，皆由總部裁決投資；而加盟店則是經由總部授權商標及地區經營權後來投資經營的，該店的所有權屬於加盟主。

　我曾在《遠見雜誌》看過戴勝益的一篇文章，是有關創業的評估。他提到，創業不需自我評估，而是需要他人的評估。他提供2個方法，我也與夥伴分享。

第一個方法是參加一個體質健全的加盟體系。好的加盟系統會設立門檻，並收取加盟金和月費，對加盟體系來說，我們的創業成敗也是公司的成敗，所以對方會評估我們適不適合加盟，如果不適合，表示我們的條件不足。

　　第二個方式是去借錢，向我們的親朋好友借錢，每個人借一點，10 萬、20 萬都可以，如果有一定比例的親朋好友願意借我們錢，那表示我們是值得被投資的。

　　創業的最後挑戰，往往是看我們的抗壓性強不強，抗壓性的高低有一定的比例是人格後天培養或訓練的，抗壓性高的人，會越挫越勇；抗壓性差的人，小小的失敗可能就爬不起來了。

　　除了專注於自己的事業之外，我們也要時常注意市場的脈動，連鎖店的優勢就是可以集中團隊的智慧，因應市場的瞬息萬變。團隊成員應無私地將市場的脈動資訊主動帶回公司，互相分享。我們不用跟著流行起舞，但要時常調整腳步，咱們要比的是氣長，不是只有短暫的成長。

　　除了加盟，我們也可以討論一下「合夥創業」的可能性。

　　跟好朋友一起創業，要有友情決裂的覺悟，即使是白紙黑字，寫好參股及退股的方法和機制，各司其職的情況下，將來一定還是會有問題，最好分清楚。現在網路特別發達，尤其是所有的合夥契約，很輕易就可以查得到，透過協調，在籌備會就將話講在前面，

寫進契約裡，包括股東權益、經營決策者和出資者的區別，甚至是技術持股，越清楚越好。

　　說真的，除非公司的制度非常完善，合夥人之間業務相當獨立，完全走向公司治理化，董事長（可能是出最多錢的人）、總經理（所謂的執行長 CEO），甚至是財務長，產、銷、人、發、財，各司其職，最簡單的例子就是以 IPO（公開募股上市上櫃）為最終目標的公司，通常會比較朝著公司制度化走，也能比較長久。

　　要不然，小型企業合夥做生意，很少看到成功的例子。像我們的加盟店，股東都有 4、5 個人以上，但是在入股的契約上，就明白的定義，除了店長和管理處有決策的權利之外，其餘股東是沒有發話權的，只能等著看報表、分紅利，這樣可以避免多頭馬車，經營者也才不會無所適從。

　　窈窕佳人重視營運中水電、人事、材料費占比與管理費用。從營業額來看，人事費約 32％，薪水加上紅利獎金後的數字會趨近 40％，材料費約 10％，水電、房租費約 15％，故毛利約有 35％。總公司的管理費用為各店營業額的 2％，無論直營、加盟店皆採此比例，若成功加盟，加盟後總店的獲利將主要來自於保養品，同時也會有月費收入。

夫妻創業很幸福，熟齡創業更精彩

《富爸爸，窮爸爸》這本書很多觀念都成為我日後處事的準則。其中一個觀念，我常常拿來問人：「請問，做生意跟經營企業的不同之處是什麼？」答案是，開一家小店做生意，自己處處事必躬親，但若有一天老闆生病或者必須要照顧小孩或長輩時，生意就會停擺了。但是做企業不同！《富爸爸，窮爸爸》就是在教我們如何在無須親力親為的情況下經營企業，讓它持續為我們賺錢，甚至是透過金錢為我們賺錢。

所以，當我的店面開始穩定成長時，我就會思考如何複製下一家店，開始設立店長或經理的職務，把權力下放。戴勝益曾說過，服務業有人會開好幾間分店，因為是家族成員一起經營，可能是夫妻或是兄弟姐妹，因為血緣關係，當然可以同甘共苦，即使沒有完整的 SOP 和制度，要賺錢也不是難事；但事實上，這樣的連鎖店頂多只能發展到 5、6 間，接下來就會是骨牌效應般的一一收場，常常是 12345，後來會變成 54321，因為兄弟鬩牆、夫妻婚變等因素導致分家，落得空歡喜一場。

夫妻不是不能一起創業，重點是要建立明確的制度、文化、SOP，把生意變成企業來經營。我記得有一次，沂蓁總監很有感觸的跟我說：「有事業，真好！」我覺得很感動。人真的不能太閒，有事業很好，夫妻一起有事業更好，常有講不完的話題，因為在經營管理時，永遠都有新話題和新的學習。

經營窈窕佳人美容美體事業多年，外人看我們夫妻倆，總覺得我們相當有默契，又能在工作上互補，搭配得宜；但實際上，我們只是沒有在外人面前吵架罷了，私底下對公司的經營方向和理念常有爭吵的時候，而且也因為是最親密的夫妻，溝通起來有時特別困難，因為會帶著情緒爭執。好處是我們有共識，無論如何都不會在外人或團隊面前指責對方的想法。個人情緒是經營事業最大的破口，創業者一定要有警覺，不可因小失大。

像我們的店長們，有時會和另一半聊到工作上的事，聊著聊著就吵起來，畢竟另一半不瞭解我們的工作性質，部分的店長們的收入又比老公還要多，說起話來就特別大聲，這些細節都在在考驗著我們的智慧。所以我都會跟女性員工們說，把老公當作店裡的客人對待，就萬事 OK 了。因為面對客人的時候，我們的 EQ 最高。

▲ 夫妻一起創業，常有講不完的話，真好！

▲ 美國柏克萊學習之旅。

　　有人做過調查，年紀越大創業的人，成功機率越高，所以我不懂為什麼政府的創業貸款要限制在 45 歲以內。我有一位碩士同學的爸爸，65 歲退休的那一年，為了實現夢想，創立自己的公司，從事物業管理的工作。據同學分享，他爸爸每天 7 點起床，做 30 個引體向上，到化妝室把髮型梳理好，用完沒什麼變化的早餐，7 點半準時出門，精神抖擻的投入工作。4、5 年後，公司經營得有聲有色，服務的大樓已經達到了 50 幾間，是令我相當佩服的長者，70 出頭歲還是一尾活龍。

　　隨著醫療水準提升、生活品質提高及運動風氣盛行，根據內政部的統計，國人平均壽命已從民國 99 年的 79.2 歲增至 109 年 81.3 歲，顯示國人越來越長壽，在這個平均壽命越來越長的時代，「退休」真的不是一個最好的選項，退而不休，反而可以活得更健康且有意義。

　　一生的時間很長，不用急著冒險，但如果遇到好的夥伴、好的

公司，則另當別論。美容創業的本質學能，不外乎是對商品的瞭解，對美容專業的技能純熟度。然而，因為美容行業相對門檻比較低，競爭當然也會比較激烈。所以一定要發揮「人無我有，人有我好，人好我優」的態度。我常跟夥伴分享，服務業最後在比的往往都是同仁的「服務力」與「銷售力」。

　　所以，在窈窕佳人的內部訓練課程裡，除了對產品和療程的知識之外，最常加強的就是服務力與銷售力。身為老闆，還要具備領導跟培養下屬的能力，總部則要專注於把「品牌力」、「商品力」「競爭力」、「執行力」、「創新力」做到最好，才能成為同仁們最堅強的後盾。

▲ 回看窈窕佳人的成長，從第一代總部到現在，點點滴滴都是精采回憶。

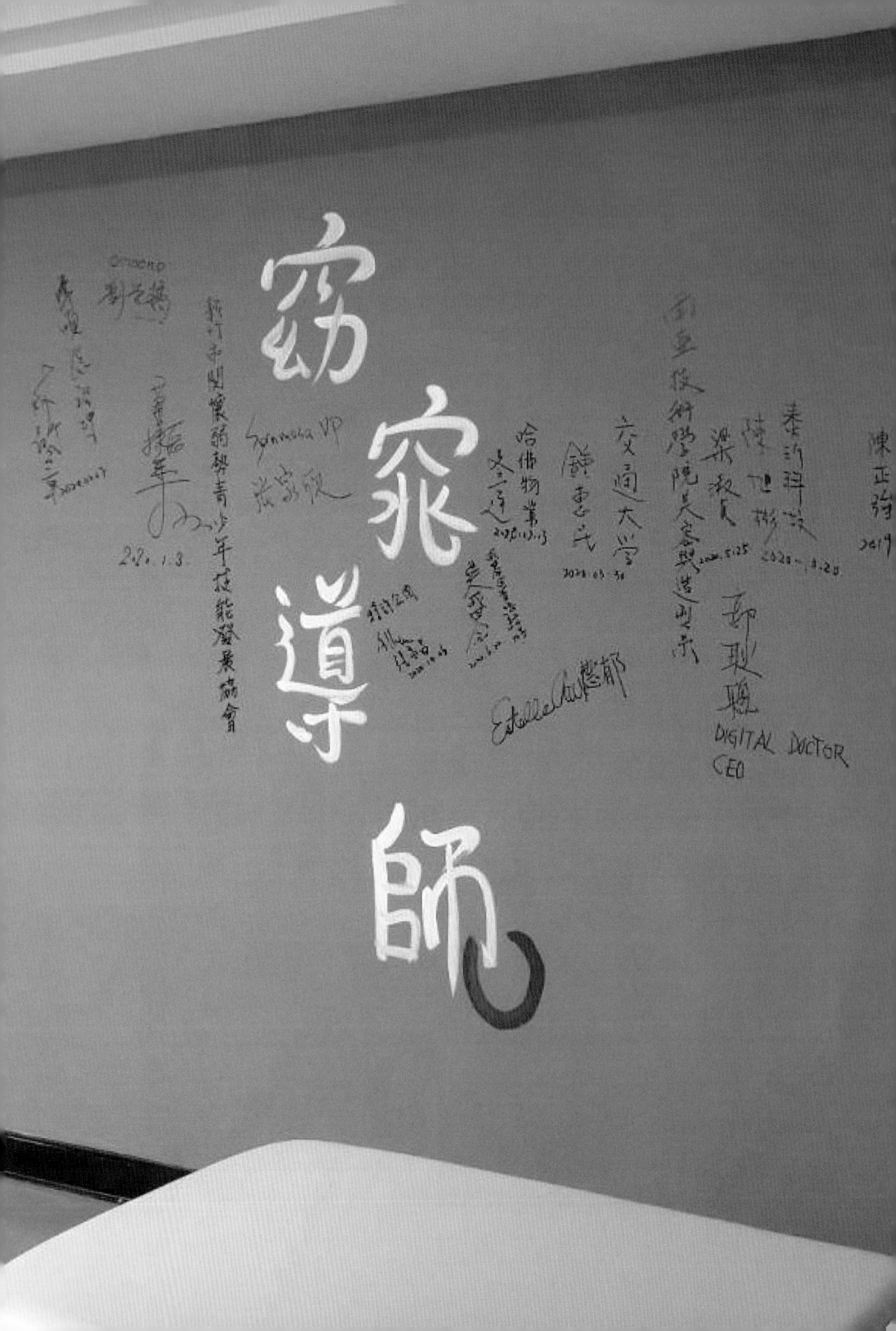
交通大學
DIGITAL DOCTOR
CEO

第一次在寬敞的新教室舉行月會

宣

讀

創 業
STEP
.2.

宣

打廣告
一定要花大錢嗎？

　　記得創業初期，我經常為店裡製作傳單，大街小巷的穿梭發放，曾經踩到狗大便、被野狗追、被信箱割破手……這都是常有的事。重點是，因為這樣而來的陌生客人只有千分之一到二，雖然認識了不少鄰居，但宣傳效果非常的差。

　　現在的網路社群非常發達，善用科技會讓你事半功倍，但千萬要記得，得留個好名聲。我記得幾年前，我和沂蓁總監以及幾位好朋友，跑去找在法國交換學生的女兒，在當地自由行 17 天。因為是自由行，接洽訂房事宜都交給女兒去處理。

　　沒想到，在出發前一刻，所有的訂房都被取消。一問之下才發現，原來法國的房東們都會上 FB 查看房客的資料，但女兒當時剛滿 18 歲，她的朋友幾乎沒有人使用 FB，都用 IG，也就是說 FB 根

本是一片空白。當地的房東對這個部分有所顧慮，竟然就取消了訂房。最後，是用我的名字重新接洽才順利完成訂房。

另外，在社群網站留言，要特別小心，我的姪女在多年前，因為不當的留言，曾經跑過法院。像我的 FB 好友已經接近 5000 人，有時候不得不過濾一些朋友，只要看到充滿負面情緒、政治和宗教色彩過度鮮明的朋友，大概都會被我刪掉，尤其是那些會抱怨自己的公司、老闆和身邊的人，最不可取。

 固定發文打開話題

網路社群行銷非常重要，大部分是不用花錢的方式，這方面的技能要不斷地提升，同時投資自己的腦袋，把錢花在刀口上，這是不可避免的學習代價。在我們的教室裡掛著一副字畫，上面寫著「學習很貴，無知的代價更高」，這是窈窕佳人員工們的金科玉律。

想要做好網路社群行銷，除了經營技巧之外，最重要的是要固定發文。好聽一點是做行銷宣傳，難聽一點是讓客戶知道我們還活著。例如說，當我在網路上找尋資訊的時候，我都會注意他們的更新時間，如果超過幾個月都沒有更新，這家公司可能很有問題。換成你，你會敢去消費嗎？

我們在網路上看到的網紅，通常紅的時間都不會太久，爆紅沒多久就銷聲匿跡。當然也有例外，據我的觀察，真正的網紅會持續

固定發文或製作影片，這樣才能永續經營。經營店家的社群媒體也是如此，像 FB（臉書）這種個人心情抒發的管道，讓我在和朋友聚會的過程中，常常可以直接切入話題，不管是個人行銷，還是店家形象，都能很直接的切入。多拍照，做直播，固定貼文，想要打開店的知名度，一點都不難。

靠社群生意興旺的實例

現在很多店家都會經營社群，我舉自己親眼所見的實例跟大家分享。

舉例一：

我幫媽媽在南部高雄置產的時候，與沂蓁總監驅車南下，在手機上查到一間南部最大的家具公司，到達現場後才發現店面好小，現場擺放的家具也很有限，但是有一群年輕人在裡面翻目錄。

原來，這間家具行轉型做網路平台，將所有配合的家具生產廠商，整合在自己的平台，不需要庫存，所以消費者可以取得最便宜的價格。我們在後來的展店過程中，幾乎都是用這間家具平台訂貨。

舉例二：

　　有一次我們驅車回北部，心想來找一間沒吃過的美食嚐鮮。下了豐原交流道後，多開了 3 ～ 4 公里的路，來到一家網路評價很高的小吃店。停好車子進到店裡才發現，此店這兩天才開張，並不是我以為的美食老店。但既來之則安之，我們還是坐下用餐。雖然食物味道平平，但用餐時間座無虛席，客人不斷地湧進來。這件事情讓我發現，把產品放到網路社群上並且好好經營的重要性。

　　因此，我認為不管什麼產業創業，都不能輕忽網路。

▲ 窈窕佳人重視網路，有官網、FB、YouTube、LINE@，與時俱進。

推薦使用免費的 Google Map

2007 年，我第一次在 Yahoo 雅虎買關鍵字廣告，那個月，單一家店來了 60 多個陌生客人（我們目前平均 1 個月會有 170 個陌生客人到十多家分店消費）。現在太多媒體在做關鍵字廣告了，競爭很激烈，我們反而選擇主打經營 FB 和 IG。不過 IG 多半是 30 歲以下的年輕人在操作，他們比較不是竊窕佳人的主要受眾，但是年輕人也會長大，所以最近我們開始在 IG 下功夫。

另外，我們和各大當地廣播電台也有密切的合作，每年都有固定的行銷廣告費用。目前所行銷的廣播電台有飛揚電台與亞洲電台及環宇電台，一天各 4 檔，雖然是固定花費，但所有的分店分攤費用之後，負擔相對減輕。竊窕佳人的主要客群，年齡為 16 歲以上的女性客戶（之前開放過男性，但經美容師抗議後取消，現在男性只開放男女朋友和夫妻檔），客群範圍極大，因此可以透過不同族群的電台來進行推廣。

在此推薦給大家一個我認為最好用的免費行銷管道——Google Map。上面不僅有各店家的基本資料，還會有很多消費者的使用心得和評比。所以我都會要求竊窕佳人的各家店長，每周都要邀請客人去 Google Map 留下正面的心得。Google Map 是一個很好用的免費平台，很值得小店經營業者投入。網路行銷日新月異，必須要抱持著開放的心態，隨時都要有接受新訊息、新媒體平台的準備。

社群行銷日新月異，無法像以前光靠買關鍵字就可以取得流

量，要不斷的進步，現在我們分店投入很多心力在做抖音還有 podcast 和 IG。

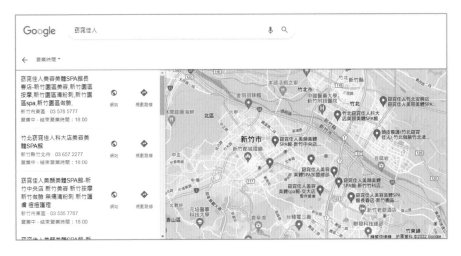

▲ Google Map：上面有窈窕佳人各店資料和消費者使用心得。

▲ 廣播：我們和各大當地廣播電台密切合作。

用業務工作
打通任督二脈

我的兒子高中讀 2 個月就不讀了，我跟他說：「沒關係，那你去工作。」

15 歲的他成為社會新鮮人，有一次利用與員工爬山的機會請他分享出社會的心路歷程。我發現，提早出社會所經歷的事情都會成為人生的養分。我之前問他要不要入股窈窕佳人，他問我多少錢，我說 50 萬元。原本以為這筆金額會嚇退他，沒想到他竟然點頭答應！

他出社會到現在已經 4、5 年了，經歷了很多工作，這兩年投入房屋仲介行業，才 21 歲的年輕人，竟然已經小有存款！在店裡的業績也不錯，相較之下，身為爸爸的我，28 歲才出社會呢！在大專院校演講，我都會鼓勵年輕人出社會的第一份工作可以嘗試做

業務，這是一個成長最快速的工作，社會經驗的累積也會比別人多很多。

　　沂蓁總監也觀察到兒子的改變，她說業務工作就是一種服務力的展現，兒子透過業務工作，需要適時的壓低身段，變得比較會講話、懂禮貌、知所進退，善於觀察人且體貼人，而且變得相當守時，許多好習慣都是在做業務工作時養成，讓她感到很欣慰。

　　如今小犬在 21 歲這麼年輕的情況下結婚生子，成立自己的家庭，我們夫妻都為他感到驕傲，也佩服他的勇氣。

不要滿足於日常小確幸

這幾年,我常去大專院校分享人生哲學,我發現現在的年輕人喜歡追求「小確幸」,滿足於日常生活的一切,不會想要有所作為。所以我前進學校的目的就是希望能勾起他們的人生慾望。

我很鼓勵大家畢業後去做業務工作,幾乎所有的老闆都是業務出身。我很鼓勵男生去嘗試看看,就算沒有賺到錢,也能獲得滿滿的經驗值,絕對是未來創業的經驗和養分。可惜大多數人不太能接受,他們都喜歡安逸、領固定薪水的生活。

業務可以分為兩種人,第一種是勇往直前的行動派,到處磕磕碰碰,撞出高經驗值,只要不放棄,成功只是時間長短,指日可待。

另一種業務,會花很多時間準備,寶劍才會出鞘那麼一次,賭的就是「十年寒窗無人問,一舉成名天下知」。但是,若不成名,就依然是無名小卒。有句話是這麼說的:「寧做行動的巨人,不做理想的侏儒。」

然而無論是哪一種,總歸一句話,我們必須先在心中種下一顆不凡的種子,也就是期許自己未來想成為什麼樣的人,時時觀想,時時檢討。如此一來,在過程中遇到的所有挫折,都將不再是挫折,而是磨練,是砥礪自己迎向成功的墊腳石。

 時 間 放 在 哪 裡 ， 成 就 就 會 在 哪 裡

　　很多人對業務工作很排斥，那是因為業務工作的挫敗感很重，但功力往往就是透過這些挫敗感磨練出來的。在窈窕佳人，我們會透過每個月的月會，經由不同的主題，激發同仁們的業務能力和思維；也會在 CEO 圖書室的文章中，不斷提到業務能力的培養有多重要，甚至會邀請外部講師來演講，提供更不一樣的視野和案例。

　　業務最厲害的是銷售技巧，銷售的 4 大主軸：聽、問、說、切，每一個主軸都值得花心思和時間練習，因為妳把時間放在哪裡，成就就會在哪裡。

1. 聽：傾聽是一門功夫，不要以為很容易，一般人都好為人師，往往會滔滔不絕，尤其是遇到自己專業的時候。透過你的眼神跟耳朵，給予客戶肯定，客戶也會報以相同的回饋。

2. 問：懂得問好問題的人，不僅在銷售的過程中可以輕鬆以對，還可以收到意想不到的效果。透過問答，使氣氛熱絡，也能得到更多客戶端的重要訊息。問對問題不只不會浪費時間，還可以得到最好的成交結果。

3. 說：必要展示專業的時候，表達能力就相對重要。如何在很短的時間，讓客戶接受我們，甚至喜歡我們，銷售有的時候是自然而然就完成的，這叫不銷而售。常常練習 3 分鐘自我介紹，會收到很好的效果。

4. 切：很會聊天沒問題，但剛接觸銷售的朋友，大部分都會不敢切入主題，這也需要一點練習還有勇氣。每個人都害怕被拒絕，在閒聊的過程當中要掌握節奏，適時的切入主題，才有辦法達到我們設定的目標。

關於銷售與談判，每個人一輩子隨時隨地都會用到。比如，有一天小朋友問我們：「爸爸媽媽我可以到隔壁小明家玩嗎？」一般人只會同意或拒絕，但如果是擁有一點溝通技巧的爸媽，可以試著這麼說：「可以呀，把房間的玩具收拾好，功課寫好就可以去。」如此一來，做父母的不僅有效要求了孩子的學習進度與作息規劃，更讓小朋友學會自動自發的自我管理，一舉兩得！

很多業務單位門口都貼著「謝絕推銷」的告示牌，殊不知自己也是業務員。業務單位裡充斥著推銷行為，卻謝絕別人的推銷，那是不是也是一種「自我拒絕」，好像拿石頭砸自己的腳一般？有人說，優秀的業務員也很容易被成交，那是因為他們常常用同理心的角度看待事情，服務精神自然很好；如果換個角度想，我們會希望對方給我們什麼樣的回饋？這一點值得思考。

有服務精神的人，可以為客戶帶來幸福感；MaryKay 化妝品公司的創辦人玫琳凱，曾經說過一段她未發跡前的故事。

她手上有一筆錢想要換一部新車子，便開著原本的老舊的汽車去汽車展示中心。當時正好是中午，業務員看到她開的破舊老車，便託辭說要趕去午餐約會，店內經理也不在，要下午才會回來。

不得已玫琳凱就到對街的汽車展示中心逛逛。沒想到，這個展示中心裡有一輛黃色汽車，她很喜歡，可惜預算有限。然而，這間汽車展示中心的業務員非常熱情誠懇的接待她，言談之中發現當天就是玫琳凱的生日，因此想買新車送給自己時，業務員立即起身要玫琳凱稍等 1 分鐘，隨即回到現場。15 分鐘後，助理小姐帶來了一束玫瑰花送給玫琳凱，並祝賀她生日快樂，讓玫琳凱又驚又喜。

猜猜看，玫琳凱最後跟誰買了新車？

「世事洞明皆學問，人情練達即文章。」這兩句話出自曹雪芹的《紅樓夢》一書中。如果一個人能夠懂得人情世故、八面玲瓏，就能充滿智慧地行走江湖。我認為，這份能力的養成，透過業務性質的工作是最快捷的方式。嘴巴要甜，腰桿子要軟，動作要勤快，懂得察言觀色，還要笑容滿面，想要業績好，就是要「懂得做人」。

▲ 送客人到門口，雨傘遲遲沒有放下。

219

讀

知識造命，閱讀改運
開創ＣＥＯ閱讀室

一命、二運、三風水、四積德、五讀書，是改變人生的五大要素，前四種通常決定在天，唯獨「讀書」，是每一個人都能擁有的絕對自主性。

在我們創業的路上，「閱讀」是一路走來最大的助力。我們公司許多策略與文化，都與書本上所得的學習有關。其實我也不是一開始就喜歡看書的人，愛上讀書是退伍之前的事。當時準備退伍前數饅頭的日子很空閒，真的就是俗稱的「老兵等退伍」。

在那個網路不普及的年代，打發無聊時光最好的方法就是閱讀。雖然開始是看休閒課外書，但是閱讀真是一個很好的自我學習方法。因為我對自己蠻有自信的，學習的過程特別需要透過思考內化才能吸收，書中的經驗與見識總會帶給我新的刺激與衝擊。因此

▲ 窈窕導師：邀請 EMBA 學長與夥伴分享。

我特別喜歡用閱讀的方式來充實自己。

「盡信書不如無書」這句話也是有道理的，因此要保有自己的判斷能力。透過書本上的經驗與知識，確實可以讓創業的過程少走很多冤枉路，但也不要因此造成限制。有一個很有趣的經驗，讓我們體會到「書中自有黃金屋」的價值。

沂蓁總監剛開始的店面，都是只有三張美容床的小店。經營一陣子之後，很幸運有老客戶願意贊助我們拓展店面，只是，從一個人就能張羅的小空間，變成要有十多張美容床的營業場域，想必在經營管理、客戶服務上都不可同日而語。

當時的我們一則以喜，一則以憂。喜的是，老客戶的支持與信

任讓我們受寵若驚；憂的是，這對我們真的是前所未見的挑戰。當時，我們請教了不少同業，但都受到刁難，甚至有人要求我們買產品，才願意分享經驗。

正苦惱時，沂蓁總監偶然拜讀到楊乙軒老師所著的《實戰經營管理：作戰篇》一書。這本書很務實、逐一步驟的講解了美容產業門店經營上的細節，真的是穩紮穩打的「實戰」文本。為此我們還帶著當時的幾位幹部，到台中找楊老師面對面的學習，到現在還印象深刻。

因此，我們直接按照書中作者所教，一頁一頁地實際操作，從店面招待技巧，到如何設定店內銷售目標，都按圖索驥應用在開店轉型上，沒想到出乎意料的成功！

這個寶貴的經驗，不僅讓我們在在肯定閱讀學習的價值，也在我們心中埋下種子。總有一天，我們也要把自己珍貴的經驗，真實且無私的傳承分享，也就成就了你手上這本書誕生的契機。

🌿 學習，永遠不能停歇

2021 年疫情期間待在家裡的時間變多，閱讀和運動量增加了，雖然收入稍有影響，但我反而變瘦了，也從許多好書之中得到新的領悟，這何嘗不是一種收穫？以我近期重看的《執行力》一書，我就歸納出了以下幾個自我叮嚀的重點：

構成執行力不可或缺的基石：

· 瞭解你的企業員工，實事求是。

· 設定明確的目標與優先順序。

· 後續追蹤，論功行賞。

· 傳授經驗以提升員工能力。

· 瞭解自我。

透過閱讀學習的有趣之處，就是往往會因為生命經驗的變化，對同一本書讀出不一樣的味道。每一個當下，感受到的收穫可能都不一樣，因此有些書我甚至會反覆閱讀，看兩、三遍以上。書本帶給我的啟發，我也不時會應用在經營管理上，並且傳授給同仁。創業初期看了一本書名為《共好！》，其中的內容也深化成為我們的企業文化，時時提醒自己與夥伴們，要為彼此創造價值。

2021 的疫情為整個地球帶來前所未見的改變，眼看許多同業告別退場，說沒有壓力是騙人的；但是，讀書真的可以沉澱心情，

▲ 定期教育訓練。

交流書中的內容，也是跟同仁們之間教學相長的好時機。和店長夥伴們腦力激盪疫情對策，討論顧慮與執行細節的過程，更讓我體會到《執行力》這本書的價值。誠如作者所説：「當你知道如何去『執行』你的絕妙點子時，它才是一個 good idea。」

書中不斷提醒：「領導者的執行力，就是組織的執行力。」事實再次證明，願意配合公司的腳步，跟著團隊進步的管理者，不但可以走的快，也可以走的遠。這也是為什麼當疫情趨緩時，窈窕佳人的營業額能最快回到水平線上，因為我們的真心和用心的服務，並沒有因為疫情而停滯，反而隨時都在思考如何做出更好的突破。這是我們「超前部署」的企圖心與努力，也是我們的實力。

 回歸校園，學無止盡

在《有錢人跟你想的不一樣》書中有一句話：「有錢人持續學習成長，窮人認為他們已經知道一切。」事實上，成功是一種學得來的技術。從「吸引力法則」的解讀就是做一個「可被利用」的人，有價值的事物就會自動被吸引過來！懂得「感恩」與「祝福」，也是技能之一。

有些人會問：「你經營事業還不夠忙嗎？賺錢都來不及了，幹嘛還要花時間去讀書呢？」但我認為，學習這件事情向來是最好的投資，生活要保持平衡，太過努力也不是一件好事。適時的讓自己充電是有必要的。

　　尤其，在 EMBA 的同學都是各領域的佼佼者，能在經營事業的路上找一群志同道合的朋友，往往能讓創業之路走得更長、更久。

　　因此，我也非常鼓勵所有創業的朋友，不要停止學習；無論是閱讀自學，或是報考學程，請記得，這一切不是為了表面的一紙結業證書，而是真正帶給自己充實的收穫。而沂蓁總監在我的支持鼓勵下，也成為我交大 EMBA 的學姊，向我們所帶領的店長親身示範，誰說女性走進家庭之後，就不能持續為了自己成長呢？

　　活到老學到老，要讓生活保持活力，就得不斷的學習。因此，目前我還在靜宜大學化妝品科學系，進修我第二個碩士學程，雖然舟車勞頓，但是回學校學習的日子充滿了樂趣。

　　閱讀學習的好習慣，持續落實在窈窕佳人的經營日常中。我們不僅在總部辦公室特別設置了「閱覽室」，供員工免費借閱各種好書，我也開辦「CEO 圖書室」直播節目，希望能和聽眾做更深入的閱讀書籍交流。

　　公司除了例會，也會舉行讀書會，讓夥伴們一一上台報告閱讀心得；甚至還曾舉辦《共好！》的讀後心得演講比賽，每一家店至少要推派一位參賽，得獎者還有獎金可拿。其實，店長和美容師在台上講得好不好不是重點，究竟是只翻幾頁、臨時抱佛腳，還是真的有讀進腦袋裡並內化實踐，店裡的業績或團隊氛圍很快就會有所反映。我所期望的是，所有夥伴能透過這些過程，耳濡目染的培養閱讀習慣，吸收多或少無所謂，重點是千萬不要停止學習。

《邊工作邊創業！》 会社で働きながら 6 カ月で起業する

作者　新井一	
譯者　楊毓瑩	出版　商周出版

這本書是我送給兒子在軍中服役時的禮物，我自己也讀了兩遍。相信很多想要創業的人看了本書會很有感覺，因為他鼓勵離職之前先做好準備，而不是一頭就栽進創業的冒險裡。給自己 6 個月創業的時間表，先提升「斜槓」所需的知識、人脈與資金，讓你用最低的風險，幫自己創造第二份薪水。

《僕人：修道院的領導啟示錄》
The Servant: A Simple Story About the True Essence of Leadership

作者　詹姆士‧杭特	
譯者　張沛文	出版　商周出版

現今的領導管理方式，已經無法像以前用權威式的方式來管理了。尤其現在的小朋友自主觀念很強，我會請店長們看完這本書，然後用服務的心態來領導店裡面的夥伴。透過關心他們所需要的，解決他們的困難，這樣的服務式領導，能讓年輕的員工更有向心力。
每個人都希望被尊重和肯定，人人是人才，只是看你怎麼用他。現在企業招募人員都很難了，要留住人才更要下功夫。據專家研究，大多數想離職的人不是真的想離開公司，也不一定是待遇的問題；第一名的原因往往是：不喜歡他的主管，或覺得老闆的領導能力不好而離開，這是我們領導者非常需要重視、並且自省的關鍵。
本書只是在講一個故事，讀起來特別輕鬆。已經開始有員工的時候，建議可以讀讀這本書，管理也許是科學，但領導絕對是一門藝術。

《先別急著吃棉花糖》

Don't Eat the Marshmallow...Yet!

The Secret to Sweet Success in Work and Life

作者	喬辛・迪・波沙達＆愛倫・辛格	出版	方智
譯者	張國儀		

為什麼 90％ 的人到了 65 歲時，還沒辦法享有經濟自由的生活？懂得「延遲享受」、「先苦後甘」是關鍵！這是一個非常著名的實驗—— 史丹佛的教授把小孩子單獨留在房間，給他們一人一塊棉花糖，並告訴他們如果 15 分鐘之後沒有吃掉這一塊棉花糖，我會再給你一塊。實驗發現，可以延遲享受的小朋友們，絕大多數長大以後都比無法忍耐的小朋友成功。每每在大專院校演講時，我都會放相關的影片給聽眾看，這是相當簡單有趣的心態，但是卻會成為成功人士最大的資產。

《總裁獅子心》

作者	嚴長壽	出版	平安文化

臺灣出版史上最暢銷的管理勵志書，熱賣超過 60 萬冊。對準備要出社會的新鮮人建立良好的心態很有幫助，公司的新進人員我也會鼓勵他們看這本書。嚴長壽先生從一位高中畢業的新鮮人，如何做到 28 歲當上美國運通臺灣區總經理，32 歲成為亞都麗緻大飯店的總裁，也曾擔任圓山飯店總經理……目前退休，在臺灣東部做公益，有「觀光教父」之稱。

他的經歷相當勵志，雖然只有高中畢業，但總是能將手上的「壞牌打好」。他在職場上的認真態度，和同事及長官的相處之道，都是初出茅廬的新鮮人必修的課程。學習別人的優缺點，看這本書可以讓你少走很多冤枉路！

《富爸爸，窮爸爸》 Rich Dad, Poor Dad

| **作者** 羅勃特·T·清崎 | **出版** 高寶 |
| **譯者** MTS 翻譯團隊 | |

作者年輕的時候有一個「窮爸爸」，也是親生父親。

跟我們大多數的爸爸一樣，教導孩子努力讀書，未來找一個穩定的工作，但是換來的只是每天跟金錢拼搏、為錢而工作的生活，最後往往還是留下一些債務。

作者另外還有一個「富爸爸」，是同學的爸爸，教導他如何成為有錢人。透過富爸爸的方法，作者讓自己一步一步實現財富自由。

這是我十幾年前讀的一本暢銷書，看完之後非常興奮，借錢買了我人生第一間房子，從此開啟我理財之路。裡面很多的理財心態和規則一直影響著我，我也常跟朋友分享：想要財富自由不是多會賺錢就可以，而是要如何讓錢來幫你賺錢；終極目標就是「獲得被動現金流，進而財富自由」。

關於企業理財，我最欣賞的是〈麥當勞〉的經營模式。大部分的人都知道麥當勞是在賣漢堡，但是有人分析其實他最大的獲利來源是房地產。要簡單快速瞭解他們的經營模式，可以看看《速食遊戲》這一部電影。

《共好！》 Gung ho!

| **作者** 肯·布蘭佳，雪爾登·包樂斯 | **出版** 哈佛企管 |
| **譯者** 郭菀玲 | |

一個簡單的管理故事。

主角之一佩姬被任命為整個企業中營運狀況最糟糕的華頓二號廠的總經理，在該廠裡面認識了他的貴人安迪。

安迪是工廠裡表現最好的部門主管，透過他推行的〈共好精神〉在短時間內讓這個差一點讓公司收掉的廠轉負為正，甚至成為公司的標竿。

〈共好精神〉在講 3 個動物的特質；透過這些特質來領導公司，經過時間的淬煉，慢慢會變成耳濡目染的文化，讓習慣成為自然。這就是用文化來管理的優勢。

書裡面的 3 個動物後來也成為窈窕佳人的象徵精神，前兩年我們多加了一個動物—— 蛻變的老鷹。我們甚至把牠們變成隨處可見得主視覺，時時提醒夥伴。

《以身相殉：何飛鵬的創業私房學》

作者　何飛鵬	**出版**　商周出版

商業周刊創辦人何飛鵬先生的創業私房筆記，講述自己創業每個階段遇到的問題、該如何解決，點出了創業的核心精神—— 要用一生去投入，永不停息，致死方休。

這本書是和先生系列作品的第三本，隸屬於《自慢》系列。

創業是擁有不凡人生的最佳方式，雖然風險很高，失敗的機率也很大，但是只要勇於嘗試、越挫越勇，成功反而是時間的問題。

我的前老闆 49 歲才成立現在的公司（已經在臺灣上市，目前股價 200 以上），據他所說 49 歲之前一直在創業，也一直在失敗，借錢借到親戚朋友都不敢接電話，在創立現在的公司之前甚至成為家族裡面的恥辱。這樣的創業過程有幾個人受得了？但堅持下去還是有成果，也是很了不起的事。

我常跟想創業的人分享《以身相殉》，我都說，看完這本書還敢創業的人，當然就更有機會成功了！因為書裡有很多失敗痛苦的經驗，看完還嚇不倒你的話，就衝吧！

《QBQ！問題背後的問題》

QBQ! The Question Behind The Question

作者 約翰‧米勒	
譯者 陳正芬	出版 遠流

這是一本能改變一生心態的小書，讓你從此不再怨天尤人。推諉、抱怨、延遲……充斥在我們每日的生活中，這些負面而且消極的想法會讓自己停滯不前，阻礙進步。這本書寫到一些生活上幽默的小故事，可以協助我們找到「問題背後的問題」，讓「個人的擔當」徹底轉換我們的負面思維，並且將精力和時間放在「專注改變未來」上。我們一定可以走出困境與瓶頸。

本書新鮮人必讀，擁有好的心態可以讓我們面對更複雜的未來。好比這次的疫情讓許多人焦慮徬徨，那是因為未來的不可預知性所導致。我很喜歡聖嚴法師的話：「慈悲沒有敵人，智慧不起煩惱」。被迫停業的兩個半月，我們也承受許多長輩們出自關心但未必好聽的消極言語，這時候我們更應該笑臉迎人，期許自我：留著青山在，不怕沒材燒。

《學會談判》

作者 劉必榮	出版 文經社

劉必榮老師的談判系列書籍，很適合業務人員精讀。所謂精讀就是融會貫通，之後內化成自己的習慣，這會是未來成功必備的技能。我們不是事事都要贏別人，而是要創造雙贏，也就是說創造雙方都可以接受的談判才是真正的贏家。在我銷售的課程裡，最後我會加一個〈他贏〉，也就是說在結束銷售或談判的過程時，讓客戶感覺到物超所值，殺價殺得很爽，讓客戶覺得他贏了。客戶贏得了面子，我們卻可以贏得裡子，何樂而不為。

《影響力的本質》

作者	戴爾·卡耐基	出版	潮 21Book、新潮社（天蠍座製作）、風雲時代。 【本書版本眾多，僅列現行可購出版社。】

書中引用許多的故事案例或親身的體驗，說明如何才能獲得更深厚的友誼，掌握人際關係正面能量的釋放，待人處事的技巧，如何更快地贏得他人的尊重，進而產生影響力。

比如其中有一篇提到，給他一個好名聲，他會做得比你想像的更好。小時候我爸爸曾經讚賞我數學不錯，從此以後在我的求學過程中，數理一直是我的強項；聽沂蓁總監說，小時候媽媽讚賞她掃地掃得很乾淨，從此以後家裡面的地板就是老師在負責，而且她樂在其中。

卡內基說：「演講的能力，是成名的捷徑，這種能力使一個人受到矚目，一個說話得人心的人，人家對他能力的評價，往往超過他真正的才華。」所有的經營領導者，在事業上或多或少對於員工和社會甚至是家庭都是有一定的影響力，所以才會成為領導，這樣的技能這本書都會教你。

《厚黑學》

作者	李宗吾	出版	一

為民國初期李宗吾於 1917 年所提出之學說，闡述臉皮要厚而無形，心要黑而無色，這樣才能成為「英雄豪傑」。以歷史中曹操、劉備、孫權、司馬懿、項羽、劉邦等人物為例，試圖證實其理論。當中各人之臉皮厚薄與心地黑白影響他們的成敗與成就大小。李宗吾以嘲諷手法提出的戲謔性學說，卻意外引發熱烈迴響，自此李宗吾便以厚黑學宗師自稱。從某個角度而言，厚黑學反映了人性黑暗自私的一面，然而也反映了人們的處世之道。

這本著作在八十年代成為台灣、香港地區及日本的暢銷書。作者以

強烈的使命感和敏銳的洞察力，對社會的政治黑暗和官場腐敗予以深刻揭露和嚴厲抨擊。後來他提出「用厚黑以圖謀一己私利，越厚黑越失敗；用厚黑以圖謀眾人之公利，越厚黑越成功」的觀點。

《不受傷創業》

作者 湯姆·艾森曼	出版 天下文化
譯者 林俊宏	

在哈佛商學院任教超過 24 年、固定開設哈佛 MBA「創業經理人課程」的湯姆·艾森曼（Tom Eisenmann）一直有個疑惑，為什麼新創企業很常失敗收場？而且就連優秀的哈佛學生採取精實創業的做法也會失敗，問題出在哪裡？為什麼 Uber 能夠順利拓展市場、Google 找得到適任的執行長、臉書可以做對收購決策，而大多數新創企業都無法跨過這些難關？

《不受傷創業》就是這些問題的答案。藉由深入訪談成功與失敗的創辦人與投資人，找出「創業為何會失敗」真正的理由。協助創業者避免致命的失誤，就算是失敗也不會陷入痛苦的深淵。

本書歸納出 6 種失敗模式，包括創業早期的「神點子，豬隊友」、「起跑失誤」與「假陽性」，以及創業晚期的「速度陷阱」、「缺少援助」與「必須一再創造奇蹟」。創業前、中、後來讀都，會有不同的心得。

《商業周刊》

作者 —	出版 商周出版

這是一本蠻有影響力的財經雜誌，每個禮拜四出刊，是我必讀的精神糧食。此本雜誌文字不會很艱深，常常用故事來敘述國內外時事，

分析大中小型企業成功和失敗，一篇接著一篇讀起來十分過癮。如果有些故事離你太遠，其實只要挑自己有興趣的也可以；是職場進修培養競爭力、每週獲取新知很好的選擇。如果你真的沒有時間，或者不喜歡看書，我的建議是：最少每個禮拜要把商業周刊翻閱一遍，這真的是培養商業頭腦很好的雜誌，千萬別錯過。

CEO 這麼說

「知識就是力量」？大錯特錯！知道還要做到。

「運用知識」才會產生力量！祝福所有的讀者不僅享受閱讀成長之樂，更要學以致用，大膽開始展開事業冒險的旅程！

▲ 執行長親力親為推動閱讀，拍攝影片與直播分享好書與學習內容。

客

管

創 業
STEP
.3.

服務業
需要「排骨理論」

如果我們去自助餐點一片排骨，多數人應該都會想選擇最大的那一塊排骨吧！以排骨來說，大部分的老闆都會直接夾最上面的那一塊給客人，但如果是我來當自助餐的老闆，以現在的服務觀點，我會這麼做：「先生，你喜歡吃排骨喔？那我挑裡面最大塊的給你！」如果你是消費者，感受會不會不一樣呢？

我稱之為「排骨理論」。身為服務業的我們，多做這個動作的時候，其實對店家並沒有任何損失，但卻會因為這個小小的額外動作，使客人感到窩心。這就是我們常講的 SOP ＋ Extra（作業標準流程＋額外服務），所謂的 Extra，包含了問候、稱讚、鼓勵、攀談、微笑、點頭、聆聽、附和、誠懇、同理心以及身體的接觸。

 兩個例子證明服務的真諦

我舉王永慶的例子跟大家分享。王永慶的第一個生意，是用跟父親借來的 200 元當本金，開了一家米店，為了和隔壁的日本米店競爭，他費了不少苦心。

當年，白米加工的技術比較落後，市面上買到的米往往混雜著米糠、砂礫、蟲，消費者也見怪不怪。但為了提升品質，王永慶每一次賣米之前，他都會把米中的這些雜質一個一個挑出來，後來還會送米上門，就跟現在的宅配經濟差不多，深獲消費者的喜歡。

他每次送米上門時，除了寒暄，他還會把客人家的米缸清洗乾淨，倒出舊米，把新米倒入米缸後再把舊米鋪在新米上。另外，王永慶還會在一個本子上記錄客人家裡有多少人口、一個月會吃多少米、一家之主何時發薪、多久會買一次米……不等客人上門，時間到了，他主動上門滿足客人的需求，讓消費者覺得非常窩心。也是因為這樣，王永慶的生意越做越好，最後還辦了碾米廠，一點一滴的累積他的財富，成為台灣的經營之神。

玉山銀行連續多年蟬聯《遠見雜誌》的「傑出服務獎」，其中一個故事是這樣的：在一個下雨天，銀行門口躲了一個小孩子，全身濕答答，好心的行員請他進門來喝杯熱茶，吹乾他的衣服，並借了一把傘讓他回家。隔天，這小孩的家長拿了傘來還，非常感謝行員的服務精神，便在出言感謝之後在玉山銀行存入了 100 萬元。這位行員所做的事情，就是符合玉山的要求，發自內心的真誠，不分

時間、地點，因為魔鬼就在細節中，時時刻刻都要注意。

整合 SOP 和 Extra 才能真正滿足消費者

有時候，企業文化清楚明白，SOP 也條條分明，但員工執行度卻又是另外一回事。

我很喜歡舉 7-11 的例子，每次進入 7-11，他們的工讀生可能彎著腰在補貨，忙碌不已，但還是會大聲喊著「御飯糰買一送一⋯⋯」之類的活動內容。有次我回說：「蛤？你說什麼？」工讀生頭也不回，繼續彎腰做事，再講一遍，我問了三、四次後，工讀生才會抬起頭來好好跟我說一次。

這樣的消費者感受，我相信不會只有我有。雖然 7-11 的 SOP 做的很好，但不是每一家店的 Extra 都能做很好，這就是 SOP 容易複製，但 Extra 不容易做好的地方。我覺得，最大的關鍵點在於當家主事者（店長）。

以美容師來說，如果我們的技術、年資、口才、外貌⋯⋯都沒有比別人厲害的時候，對客人額外的服務，就是唯一可以贏別人的地方。我們可以注意到公司裡業績特別好的幾位美容師，都是在 Extra 上面下了不少的功夫。各位有沒想過，自己特有的 Extra 是什麼呢？要如何滿足客人的需求，如果你還不知道怎麼做，從現在起，開始模仿高業績的美容師準沒錯！

　　如果能把 Extra 發揮到極致，消費者在意的往往就不會是價格，而是價值了。

　　「飯店教父」嚴長壽之前經營的亞都飯店，之所以能成為外國人到台灣的第一優先住宿選擇，就是因為 Extra 服務令人感到貼心。例如飯店內的所有人員都能在第一時間叫出客人的名字，客人入住後，飯店還會為他準備好在台灣專屬的名片和記事本。

　　高中時，老師說他有一次在深山裡機車拋錨了，環顧四周沒有任何機車店，他很絕望，心想「這下真的完蛋了！」後來有位好心人士願意幫他，在修好機車後向他收費 200 元。當時，同樣的問題在一般修車行的費用大約是 50 元，但老師覺得這 200 元很值得，因為可以直接解決他的問題。

▲ 將客戶轉化成朋友，我們會幫客戶慶生。

有一次，我帶母親跟家人到新豐爬山，從 11 點爬到下午 1 點，兩個小朋友開始喊餓，水也喝完了，我心想：「完蛋了！」回頭還要再走 2 個小時的山路。正在想要如何解決時，剛好看到前頭有店家，「哇！真是柳暗花明又一村！」一陣討論後我們決定進去消費，點了三菜一湯和 3 瓶飲料，店家熱情，餐點又都超大盤，心想再怎麼貴頂多 1000 多元，老闆花了許多功夫，多賺一點也是應該的。價值大於價格，能夠解決大家的需求比較重要。

用餐時我和老闆聊天得知原來他們是家族經營，一起在山上花了 2 年的時間，一磚一瓦蓋了這個屋舍，雖然簡陋了些，但在飢餓的我們看來，遠比金碧輝煌的房子還要有價值。老闆很親切地跟我們聊天，你猜猜，當我們離開結帳時是多少錢？

答案是 600 元，是不是俗擱大碗！這位老闆還賺到了我的口碑，以後只要有朋友去新豐爬山，我都會推薦這間餐廳，甚至被我寫進了書裡、成為講課的案例故事。由此可知，令客人感動的服務，是會創造無限正面的回饋。

為什麼美國人賣的 3C 商品，毛利率是 50％，我們幫別人做的 OEM（Original Equipment Manufacturer 專業代工），毛利率卻只有 3～5％？差別也是在價格跟價值，也就是顧客所期望的價值（Benefits）在哪裡。美國人賣的是價值，而台灣的產品則是以價格定價。

有一些貴賓，從我們開始經營美容事業到目前為止，已經消費

不少金額，這樣的 A 級客戶，值不值得我們更用心的維護？我們
的維護方式就是更加體貼的客製化服務，不再將她當成顧客，而是
轉化成朋友，真心對待。每次她來到店裡，每個美容師都可以叫出
她的名字並寒喧兩句近況，甚至在她生日時，全店為她慶生。

 提升消費價值感

　　到專櫃花 1 萬元買一套產品，跟到窈窕佳人花 1 萬元買一套產
品，假設產品的品質跟價格一樣，那麼我們要如何提升價值感呢？

售前：打造完美的第一印象，親切的說明、熱絡地介紹環境、美容
　　　師的技能不斷提升。

售中：提供專業的服務，例如專業諮詢、同理心、貼心的服務過程、
　　　客製化的服務課程、代謝和轉好反應說明。

售後：有點黏又不會太黏的追蹤，例如簡訊傳遞、產品使用方法、
　　　皮膚狀況追蹤、137 原則（第 1 天 24 小時內致電關切、約 3
　　　日後回來複診、7 天來做局部課程，預留日後的服務機會）。

　　如果能把 SOP ＋ Extra 做得很好，其實就是結合了標準化與客
製化的服務，顧客不會覺得我們的商品很貴，取而代之的是物超所
值。當消費者不斷介紹新客戶，或是皮膚遇到問題就會想到我們
時，就代表美容師成功了。

能照顧家人才能照顧客人

和顏悅色最重要

子夏問孝,子曰:「色難。有事,弟子服其勞,有酒食,先生饌,曾是以為孝乎?」侍奉父母最難的是表情愉悅,而不是有供養父母就算是孝順。我們常常對客人或不認識的朋友相敬如賓,卻常常忽略自己最親密的同事和家人。

電話內線響起,很多人覺得反正同事是自己人,講話沒禮貌和分寸,有時可能會因此得罪同事。

嚴長壽曾說:「沒禮貌比沒專業更糟糕。」中國人說禮多人不怪,講得真好。好話不會得罪人,不經意的話卻常會得罪人而不自知。我們總以為對方不會生氣,事實上,無心之過也是一種過錯。

美容師對客戶也可能會犯這個毛病，自以為與客戶非常熟識，稱兄道弟，漸漸忽視該有的禮節。公司曾經處理過這樣的客訴，美容師真的不要以為跟客人感情好到能將服務打折，客人來到窈窕佳人消費，當然就要得到應有的服務；再怎麼熟悉的客人，等價的服務一丁點也不該少。

公司曾發生很多同仁夫妻之間相處的問題，有位店長問我：「夫妻如何經營？」我說：「很簡單。把他當客人。」沂蓁總監打電話給我的時候，我都會故意在朋友面前大喊：「水某欸！」（意即漂亮的老婆），接到女兒的電話，我會說：「美女好。」適時的幽默是拉近彼此距離的好方法。一個巴掌打不響，當有人要有人跟你吵架時，用幽默化解，這個架便吵不起來了。

▲ 對待親近的人，不論是家人或客人，都要有禮。

▲ 王爸爸每年都是和窈窕佳人的尾牙一起慶生。

▲ 王媽媽七十大壽慶生,親友齊聚一堂。

　　你會和你的客人吵架嗎？你會如何經營客人？你對客人講話的態度如何？2500 年前，孔子就有這樣的智慧，對親密的親人、朋友、父母親，最難的就是「和顏悅色」，若對另一半、父母、同事、小孩都抱持著對待客戶的方式來經營，家庭、生活與事業必然充滿笑聲，不至於「相愛容易相處難」了。

　　相處時若沒有好好經營，就會發現對方的缺點，所以人家說：「婚前婚後差很多。」你以為另一半不會在乎嗎？除了隨時注意自己的言行，尊重與包容都是很重要的一環。

　　我很少會給我爸媽臉色看，當我不贊成他們說的話，頂多當耳邊風，不會出言頂撞，因為「和顏悅色」才是真正的孝道。

 ## 有能力照顧家人才能成功

　　幾年前，我媽媽膝蓋痛，她跟我說她很希望能住在有電梯的房子裡，我一口答應，結果她開心的到處跟親朋好友講這件事。後來有個親戚唸我媽媽，做不到的事情不要一直講，我媽媽很委屈的跟我轉述了這件事情。

　　我聽完心想，為人子女怎麼可以讓媽媽受這委屈？我立刻和沂蓁總監討論，當天就殺回高雄，上午看了幾個物件，下午就簽約，讓媽媽面子裡子都掛得住。我一直都認為，不懂得孝順的人，遑論事業或是照顧員工。

我常常跟人說，我的父親不僅是我的生父，也是我的再生父母，在我負債 1000 萬的時候出手幫助我。當時我哭得很慘，是他告訴我：「人可以失敗，但不能失志。」我才能有機會重新再站起來，我很感謝父親當年願意拉我一把，我也沒有讓他失望，不僅還光債務，也讓爸媽過上更好的生活。

幾年前，我媽被我說服，成為我幾家店的股東，她現在常常都用每個月的分紅請我們大家吃飯，花錢花得很開心，這也是我覺得很驕傲的一件事。

因此，我在招募新人時，也非常看重「孝順」這一點，因為我認為成功有 3 個階段：

1. **自給自足**：剛剛畢業的人，不需要別人幫助，自己可以養活自己，我覺得這樣就很成功。社會上還有很多人都做不到這一點，畢業後就在家裡當「啃老族」、「月光族」。
2. **有能力成家育子**：可以成立家庭，完成孩子的養育及教育。本書出版前夕，小犬在 21 歲的年齡，成家而且順利產下一個漂亮的孩子，夫妻倆決定搬出去，我為他們的選擇跟承擔責任的勇氣祝福。
3. **有能力照顧爸媽**：對父母能夠有實質回饋，甚至也能照顧兄弟姐妹或親戚。

能夠完成以上 3 個階段，在我的認知裡，妳已經相當成功了，接下來再來談社會責任都不遲，千萬不要連自己的親人都無法照顧

好，就在談捐款；或是連父母都沒辦法照顧，就一昧地追求宗教、崇拜師父。百善孝為先，要獲得社會的敬重，都應當先從關心父母開始。

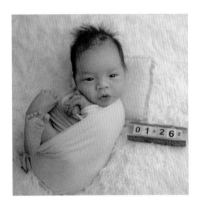

▲ 我們這一家：王爸爸王媽媽、我和沂蓁總監、女兒和兒子媳婦，還有今年剛出生的金孫。

客

如何處理客訴

開店容易遇到兩種狀況，一種是來客數太少，員工沒有事情做，老闆和員工心情都會很慌。我記得剛創業時，第一個月的來客數只有 20 幾個，表示 1 天不到 1 個人來店裡消費。沂蓁總監那時常常抓著客人一直聊天，一個客人可以服務 4 個小時；另外一種是生意太好，忙到人手不足，沒有辦法滿足客人的需求，過與不及老闆都要有對策，不然很容易引起客人投訴。

 處理客訴，要優先處理客人的心情

經營服務業總是會遇到大大小小的問題需要處理，包括客訴，問題總是包羅萬象。以美容業為例，臉部護理隔天發炎、退包（退訂包套的服務）、產品有瑕疵、客人遲到、約不到時間，甚至還有

248

許多無理的要求。

　　其實，我們很慶幸也感恩第一時間選擇指責我們的客人，如此一來，我們才能知道哪些服務需要改進。最怕的就是客戶什麼都不說，就從此不再踏進店裡一步，甚至在外頭到處宣傳我們服務不周的地方。

　　被客訴並不可恥，反而是一種成長的機會。愛迪生在發明電燈之前，嘗試過 1000 種方法，有人笑他：「失敗了那麼多次為何還不放棄？」愛迪生笑著回答：「這些不算失敗，而是我找到 1000 多種不能成功的方法。」

　　歐美曾經做過一份市調，指出不好的服務經驗所產生的負面影響，大多數的人會直接拒絕與該公司往來，或選擇投訴、告訴他人，少數的人會直接破口大罵，或是利用網路散播負評作為報復。以上不管是哪一種，都不是我們做服務業的人所樂見的。

　　因此，正確的處理客訴問題很重要。

　　沂蓁總監認為，處理客訴，要優先處理客人的心情，站在認同、理解的角度，不要急著反駁或跟客人爭論誰是誰非。從安撫客人情緒的過程中，盡量傾聽，才能有機會聽懂客人真正在意且希望我們處理的事情是什麼。最後會希望以「雙贏」的考量，解決客戶問題，也對客戶抱持著感恩的心態。畢竟，有客訴，就代表客人不夠滿意我們的服務，透過解決客訴問題，也能讓我們的服務精益求精。

處理客訴不能拖，別讓客戶有機會把問題和抱怨帶回家，人都是見面三分情的感情動物，伸手不打笑臉人，只要我們有誠意，客戶的抱怨有時候甚至能成為我們最好的回饋來源。

沂蓁總監舉例，做完臉部美容的課程後，會提醒客人要 3 日後回診。有些客人第 1 天回家，發現處理過的臉冒出了一顆大痘子，或是臉部肌膚泛紅有腫脹感，就會非常緊張和生氣，尤其是本身是問題性肌膚的人，反應會更激烈。

這個時候，看到怒氣沖沖跑來店裡的客人，美容師絕對不能比客人還緊張，要先緩和客人的情緒，再跟客人解釋。但其實這類的狀況，想要預先避免一點也不難，就是當一位「先知先覺的美容師」，預先想到客人回家後會遇到哪些狀況，「提前」詳細地向客人一一說明，並做後續的關心和持續追蹤。這些做法就會像幫客人打了預防針一樣，當客人遇到狀況發生時才能心裡有底，並且打從心裡信服美容師的專業。

 ## 簽署定型化契約能有效避免客訴問題

我記得，經營前兩家店時，幾乎每個月都會有消費糾紛發生，有時真的是美容師的疏失，有時則是遇到比較難纏的客人。例如，我們曾經遇過客戶預付一定的金額，卻在消費過半的時候，單憑一句「沒有效果」，就要求我們必須全額退費，要不然就要請水果日報來「踢爆」。

還有一次，客人竟然找了 3 ～ 4 位黑衣人到店裡來，要求不公平不合理的退費，這些狀況都會讓我們的經營狀況出現波折，想要根本解決，實在不容易。

　　幸好，民國 96 年 1 月 15 日行政院消費者保護法訂定的《瘦身美容定型化契約範本》之後（民國 110 年 7 月 1 日有新的版本），我們就開始跟會員簽署定型化契約，自此之後，我們幾乎不需再到消費者保護機構協調。因為白紙黑字把雙方權益寫得清清楚楚，減少很多誤解的可能。

　　因此，為了避免不必要的客訴問題，一定要簽署定型化契約，這是保障買賣雙方的好方法。這也是一個趨勢，政府已將大部分的消費行為都納入定型化契約，大幅減少消費糾紛。各行各業都該有規範，服務業才較能走得更穩，面臨到的不確定因素也會減少。

▲ 沂蓁總監：處理客訴，要優先處理客人的心情。跟客人建立良好的友誼，很多問題都能迎刃而解。

管

魔鬼
藏在細節裡

　　1 根火柴棒價值不到 1 毛錢，一棟房子價值數百萬元，但是 1 根火柴棒卻可以瞬間摧毀一棟房子。可見微不足道的潛在破壞力，一旦發作起來，其攻堅滅頂的力量，無物能禦；同樣的，疊 100 萬張骨牌，需費時 1 個月，但骨牌傾倒卻只消 10 幾秒鐘。

　　要累積成功的實業，需耗時數十載，但倒閉卻只需一個錯誤決策；要修養被尊敬的人格，需經過長時間的被信任，但要人格破產只需要做錯一件事。一根火柴棒，是什麼東西呢？它就是下列 4 項：**1. 無法自我控制的情緒。2. 不經理智判斷的決策。3. 頑固不冥的個性。4. 狹隘無情的心胸。**

　　檢查看看，我們隨身攜帶幾根火柴棒？人生如此，在我們創業的過程中，又有多少火柴棒隱藏其中而不自知？

　　我有幾次開車跟人家發生糾紛的經驗，尤其遇到血氣方剛的年輕人，我都會選擇不正面衝突，畢竟我們還有很多任務未完成，不需要為了這種小事而產生變數，楚漢相爭時韓信的〈胯下之辱〉可以作為借鏡，如果當時韓信沒辦法忍下脾氣，中國大概就沒有漢朝光輝的年代。贏得面子不重要，重要的是贏得裡子。

裝潢與設備可以老舊，
但清潔維護工夫不能馬虎

　　初期經營事業，我和沂蓁總監包辦了店裡所有事務，例如訂貨、計薪、進貨、出貨、結帳等等，人手不足的時候我還要跳下去幫忙遞水洗毛巾。沂蓁總監總是說：我是他帶過最久的助理。

　　因為我大而化之的個性，帳務有時有點出入，我都會不了了之，但是沂蓁總監就不一樣了，連 1 塊錢都會追究到底，我覺得這是好事，做事業就要有做事業的樣子。我的爸爸這麼跟我說：「相請無論，輸贏要算。」人與人的相處可以不拘小節、大而化之，但經營事業任何小細節都將會是大關鍵，魔鬼盡藏在細節裡。

　　因為，我們是美的行業，客戶進到店裡就會看到美麗的裝潢、專業的美容師、盛開的百合花、聞到全世界最優質精油的香氛、聽到優美的音樂，接下來，她會感受到美容師輕巧溫柔的手技，在課程結束後，啜一杯溫暖的花茶，感受無微不至的服務……能夠讓消費者體驗到以上五感的 SPA 服務，店家不賺錢才怪。近年我們也在

強調第六感,就是提升顧客對我們整體的感受。

　　沂蓁總監對於環境的要求非常高。有一次,我和沂蓁總監在桃園享受高檔的 SPA 服務,進到包廂裡,卻發現浴室的水痕相當明顯,表示剛剛有人使用過,現場還遺留一些個人的小飾品;當我們躺在床上面對天花板時,竟然看到天花板上的出風口集滿著靜電所留下的灰塵……

　　我們既是同業,也是消費者,會特別在意這些清潔和環境的小細節。當時,對於一間這麼高檔的會館竟有如此表現,著實讓我們

▲ 沂蓁總監對環境要求非常高,一定要舒適清潔。

特別心生警惕。

後來，窈窕佳人發展了一套到店家督導的模式，其中最重要的就是環境的分數，尤其是廁所。就像我們去一間好餐廳，我都會特別注意廁所是否能保持乾淨清潔，假使雜亂不堪，我不會相信這間餐廳的食物有多衛生。我們經營美的行業也是如此，裝潢與設備可以老舊，但是維護清潔是每天必做的功夫，不能容許絲毫的輕忽。

 有效率的會議，會產生有效率的團隊

當然，制度只能盡量完善，難免還是會有模稜兩可的地方，這時就必須透過會議溝通，進而達成群體共識，這是相當重要的一環。

開一個完美的會議，有很多細節必須注意，主持人要懂得掌握時間，懂得聆聽並適時切斷沒必要的離題討論，可以判斷哪些事情最好私下解決，對事不對人。掌控開會的效率，可先把開會流程寫下來，會後紀錄不可少，因為記憶是短暫的，但記錄卻能長時間保留。在 Line 群組裡要再次確認會議記錄，公正、公平、公開，未來就不會有爭議和模糊空間。

一場有效率的會議，會產生一個有效率的團隊；反之一個不知道如何開好會議的團隊，會讓同仁士氣低落、工作效率變差，進而影響到整體發展。

美容師薪水
大概有多少？

定價哲學與數學

在談美容師的薪水有多少錢之前，我想先跟大家聊聊店家定價的哲學與數學。

制訂公司產品或服務的定價，策略應該要從「未來要服務的對象」這個角度思考。我的建議是，台灣現在是 M 型化的社會，定價不是走便宜大碗的路線，要以量制價，不然就是要走精緻高檔的路線，用米其林餐廳等級的價格提供精緻無比、淋漓盡致的服務。

十幾年前剛創業的時候，滿街的美容業都在做 299 元、399 元的體驗價，當時經營得相當辛苦，彼此削價競爭的後果，就是看誰可以撐到最後。

後來，我們選擇提高服務品質，當然也把價格提高。我的記憶中，創業這十幾年來我們已經漲價 4 ～ 5 次，雖然免不了會有一些客人流失，但透過我們對服務品質的堅持，大部分的客人還是會給我們肯定，甚至有客人是專程搭高鐵來店裡消費，而且一進門就表示要做最貴的美容服務。

　　這是良性的循環，因為收費比周圍的店家還要高，反而可以提供更好的服務水準，讓店長和美容師的福利跟獎金也比業界來得優渥，大幅提升優秀人才的留任比例。美容服務業是人力需求相對較高的行業，雖然人事支出費用會墊高，但相對可以換得員工的穩定度。

　　但也不得不說，這幾年我們看到市場上出現很多「百元理髮店」，有些店家不僅剪髮，還會幫客人簡單洗頭，一整套流程下來才 100 元，實在是有夠划算。一開始我們也質疑這樣的店家要如何生存，但我後來仔細的計算整家店的營運損益情況，發現因為門檻相對低，美髮師一直在搶時間，每天的客戶數要衝到一定的量，才有辦法符合公司的規定。

　　這就是前述所講的定價走便宜大碗的路線，這種路線的前提是「量一定要夠」，像我自己也很喜歡到百元剪髮店消費，因為真的很省時。

　　遇到覺得我們收費比業界高的客人，我通常都是這樣回答：「窈窕佳人是以永續經營發展為前提，不希望客戶成為消費孤兒，我們

有很完整的信託方式，店家與店家之間的串聯，讓您的消費有保障，這也是連鎖品牌的好處。」

以前的行銷 4P 理論，談的是產品（Product）、價格（Price）、促銷（Promotion）、通路（Place），所以定價策略也很重要，如果採用低價策略，那就要求「量」；可是現在人力越來越難填補，我們預測未來的台灣將會跟歐美國家一樣，物價慢慢的飛漲。以我們的行業來說，所有的課程和產品價格調整是必經過程，一例一休法令通過之後，國內各行各業的通貨膨脹，必然是趨勢。

在大數據的時代，有專家提出，未來會有全新的「行銷 4P 理論」：人（People）、成效（Performance）、步驟（Process）、預測（Prediction）。還記得宏碁集團創辦人施振榮先生的「微笑理論」嗎？未來企業的決勝關鍵，將會是品牌、服務、專利、技術等高附加價值的產品。

近期的《經理人》雜誌則提到顧客導向崛起：「把產品製造出來、訂定價格、擺上通路，並對顧客推廣」，這是從生產者觀點出發的行銷觀點，隨著消費者意識抬頭，品牌行銷策略逐漸轉為消費者導向。因此在 1990 年，美國行銷專家羅伯特•勞特朋（Robert F. Lauterborn）提出了以消費者需求為中心的 4C 理論，更重視顧客導向，以追求顧客滿意為目標。

消費者行為改變了！想方設法讓顧客「自願」討論你的產品，何為 4C：

1. **Customer 顧客**：企業在推出產品前，必須首先瞭解市場和研究顧客，根據他們的需求來提供產品；同時，企業提供的不僅僅是產品和服務，更重要的是由此產生的客戶價值。

2. **Cost 成本**：不單是企業的生產成本，更包括顧客的取得產品的成本，包含購買前蒐集資訊以及購買所花費的時間成本；而產品定價的理想情況，應該同時滿足低於顧客的心理價格，亦能夠讓企業能獲利的數字。

3. **Convenience 便利性**：企業應更重視顧客購買商品的方便性，不僅能購買到商品，也可以購買到方便性。

4. **Communication 溝通**：企業不再是單向地向顧客促銷，更應與顧客建立積極有效的雙向溝通關係，在雙方的溝通中找到能同時實現各自目標的方法。

這都是未來經營者必須要瞭解的，小米科技創始人雷軍說：「站在風口上，連豬都會飛。」各位老闆們準備好了嗎？

綜合以上種種，我的結論是用低價收費標準，對美容業來說不是一項好策略，除非是不用支付底薪，依件計酬的美容相關行業。

有一個參考的定價方式，一家美容院扣除人事成本 40～50％，租金及固定支出 25％，整體而言，稅後盈餘如果不超過 20％，經營起來會相對吃力；也就是說，假如店營業額是 40 萬元，大概會有 20 萬元是人事成本。

▲ 窈窕佳人的美容師們，除了薪水，還有每個月的分紅。

🌱 成熟的美容師，月薪至少有 4 萬元起跳

懂得算出人事成本之後，我們來看看美容師薪水大概是多少。

薪水，雖然不是人才留任最重要的因素，但卻是企業的競爭力表現之一。有些美業店家規模不大，沒有明確的薪資規定，很容易造成員工不滿，最怕的就是老闆依據個人喜好來發獎金，沒有把獎金制度化；如此一來，會在員工心裡種下一顆不確定性的種子。

我舉一個仲介業的例子，台灣的仲介業大致上可分兩種型態，一種叫「高專」，一種叫「普專」，這是他們的術語。一般來説，普專的員工薪資結構，從入行就比一般上班族薪水高，差不多是 4 萬元以上，但後面所產生的業績抽成相對較低，這種制度挺適合初

出茅廬，想要學習業務經驗的新鮮人。

　　但業界的老鳥，大多會想挑戰自己而選擇高專，高專薪水的特性是幾乎沒有底薪，但業績抽成最多可達到 6 成，哪一個比較吸引妳呢？

　　模仿不是壞事，不用覺得丟臉，在看了許多經營管理的書後，窈窕佳人的制度大部分還是先從模仿開始。我們模仿台灣做得相當成功的連鎖店，但時間一拉長，配合公司的文化，制度的差異性慢慢就出來。

　　所有的決策都是在每個月的分店會議上決定。大部分的決定，都是由全部店長來投票產生，只有少部分決定，是由老闆來做決斷。

　　當然身為一個經營者，就像一條船的船長，大方向一定要抓對，才能帶著大家行駛到對的地方。

　　我們的薪水大致上只有基本底薪，但若能為公司創造高業績，服務客人的數量越多，獎金都相當可觀。能夠達到這些標準的美容師，在顧客的掌握度及銷售力、服務力方面皆相當優秀。

　　除此之外，勞工的福利跟薪資，一定要符合政府要求，避免未來不必要的糾紛。尤其，現代資訊非常發達，勞工意識抬頭，現在不懂的，不代表以後別人不會教。業界常會聽到勞資糾紛，碰到這

樣的事真的會讓人無心工作。

　　很多人會抱怨現在年輕人很難帶、化妝品法規太多很難做……當大家都在抱怨時，我們如果能想方設法突破障礙，就會是很大的成功。別人辦不到的事，你能辦到，高下立判。像我就不覺得現在年輕人有多難帶，我看到的總是一個又一個的希望。

　　窈窕佳人的美容師的薪水起薪，一開始是照勞基法的規定底薪，111 年最新規定是 25250 元，休假跟所有的福利政策都以勞基法為基礎，其他還有團體保險，員工聚餐及每年的國內外旅遊，三節獎金，甚至是固定的保養品補助，這些都是最基本的。

　　由於我們的薪水架構是固定底薪加上操作獎金和銷售獎金，所以，經過幾個月的經驗累積，水準以上的店家或是成熟的美容師，收入至少該要有 4 萬元以上。

　　以前大專院校的學生，如果來我們公司實習，之後有繼續留任的話，我們還會給一筆留任獎金 2 ～ 5 萬元，希望大家都能真心熱愛這份工作。除了薪水之外，還有每個月的分紅。為了鼓勵美容師使用公司的保養品，有達目標者我們還會提供額外免費的美容護膚品，其他 3 節獎金，國內外旅遊……等等，都能做為激勵員工的方式。

 政府新制，聽話照辦最省事，
有時還會發展出新事業

　　政府在 2016 年 12 月 6 日於立法院三讀通過相關法令，推動勞工工作日數的改革政策，目的在於讓勞工全面落實「周休二日」。該次修法主要為修正《勞動基準法》，使所有勞工每週可以有 1 天的例假（此例假為可勞資約定而更動，即不一定為六、日），以及 1 天的休息日。

　　法令通過後，造成勞資雙方一時間難以適應，尤其是小型美容美髮業者，在多方抗爭及爭取之下，政府依然堅持這個號稱對勞工實質福利有幫助的政策，我們在公會的會員多次開會，皆是評價兩極。但這是全世界的趨勢，能夠快速適應且轉變的店家，會讓員工

▲ 窈窕佳人每年舉辦國內外員工旅遊。

更有向心力。所以，我們在第一時間，各店家成立投保單位，美容師的獎金與薪水，完全符合政府規定。

有些店家還在抗拒相關規定，等到有一天事情鬧到勞工局，要被罰款及補償員工時，反而得不償失。

店家們最大的問題是，如果完全按照政府規定，以之前的收費標準，店家的毛利率根本無法聘請員工，這也是為何現在看到的不少美容美髮業者的規模都在縮小中，而中大型業者最好的應付方式，就是將產品與課程的價格提高，但這會有客戶流失的風險。

桃竹苗地區有美髮院同業，原本展店至 50 多家，結果因為一例一休，現在收到只剩個位數。現在外面洗頭要收費多少？有人說

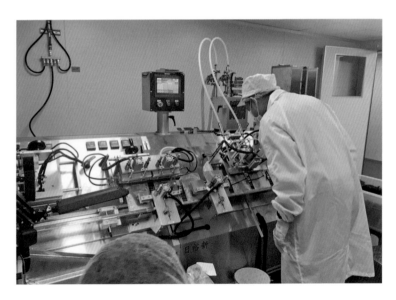

▲ 成立生產保養品的生技公司，積極配合政府規定。

99元，你知道在一例一休且符合最低工資的情況下，美髮店老闆每個小時要付給美髮師多少薪水？答案是168元，加上勞健保及店家的固定支出，每小時的成本會超過200塊。

政府的制度有時也會促成店家的轉型，就像我們3年前成立生產保養品的生技公司，政府規定，接下來的相關生產單位都要符合GMP相關規定，這些規定相當嚴格，很多小型生技公司老闆憂心忡忡，有些則積極作為，努力讓公司合法化，也有選擇急流勇退的。

當時，我跟廠長看到後進者的希望，只要我們能符合規定，將來必大有可為，所以費了一番心力，成立了自己的GMP生物科技公司，除了生產分店的產品之外，也積極地幫一些朋友OEM（Original Equipment Manufacturer 專業代工）／ODM（Original Design Manufactures 原廠委託設計）美容美髮相關產品。

人家說女生不好管理？
我管的全是女生

「你到底怎麼管理公司的娘子軍團？」有一天，我學長問我這個問題，他說，他的公司有很多女性員工，彼此之間常有許多紛爭，很愛到他面前去告狀，總是搞得他一個頭兩個大，不知道如何處理比較好？而我們的美容事業員工清一色都是女性，為什麼我們都沒有這類管理上的煩惱？

其實，女性天生情感比較細膩敏感，有時候彼此在爭執的不僅僅是為了「是非」，還是為了「感受」，因此，在處理時需要更有技巧。

重點應該是，如何將組織領導到正向的競爭與合作的關係，是考驗領導者最大的課題，知名電影《魔球》就是在告訴我們，沒有爛的團隊或是爛的隊員，只有不爭氣的隊員以及不懂得領導的隊

長，組織有問題，應該要先反省領導本身，為何不能將夥伴帶往成功，而不是怪罪隊員是如何的差勁。

在窈窕佳人的體系裡，店長就是一家店的領導者，所以當店長把員工的問題反映給我時，我會以店長的想法為優先，充分授權；如果店長不知道該如何處理，也可以徵詢其他店長的意見，教學相長。

更何況，同事之間難免會有摩擦，美容師之間相處的時間往往比家人還要長，就像你和你的家人，會不會吵架呢？難免吧！就跟唇與齒不小心也是會咬到一樣，真的在所難免，不用放大解讀。

除了美容師之間的摩擦，還會有業務和行政單位之間的爭執，

▲ 美容業女性多，領導的重點在「善解人意的共好文化」。

267

畢竟，業務單位拼命向前衝，以業績為目標無可厚非，行政單位作為後勤支持者的角色，也必須有其需要堅持的地方，需要夥伴們用智慧來解決，站在對方的立場思考看看，而不是第一時間指責對方的不是，用討論取代衝突的發生，在互信的基礎上找出共識。

一位業界的朋友，把「善解人意」這句成語，重新做了一個定義，就是把別人的舉動和話語，都從善的面向來解釋，從此之後你會發現身邊不再有小人，因為變得感恩，發現周圍都是貴人，心態改變了，周邊的事物就會莫名其妙地變美。

基本上，我們是用「共好文化」搞定一切，讓制度盡善盡美，用文化代替管理、用激勵替代要求、用教育取代責備；因為，文化能讓團隊潛移默化，激勵可以激發員工的熱情，教育則能促使同仁們成長，多多鼓勵別人，是可以成就自己的。

 ## 用文化代替管理

當創業者開始有員工的時候，就會面臨管理問題，一個有制度的公司，管理起來相對簡單，但是當員工人數越來越多，最好是能透過文化潛移默化，凝聚員工的向心力。

這裡我所指的「文化」，就是本書前述〈心〉篇章的「共好文化」，當美容師們都能認同互助合作的松鼠精神，自然可以降低勾心鬥角的情況發生。

▲ 公司制度化是未來永續經營、穩定發展的基石。

　　公司制度化是未來永續經營、穩定發展的基石，建立 SOP 和制度是刻不容緩的事，也能有效解決美容師與美容師，或是美容師與公司之間的矛盾。把遊戲規則一開始就講清楚說明白，甚至寫成白紙黑字，更有約束力。

　　譬如，在窈窕佳人，明文規定不能爭吵，不然會罰錢；同仁之間不可以有金錢上的往來，光是這一條，就能省去很多不必要的麻煩。

　　另外，由於公司女性員工多，婚喪喜慶和生育的機會也特別多，所以我們會把紅白包的金額公開透明，這樣一來員工就不會覺得老闆大小眼。當有人晉升的時候，我們也規定不可以當眾送禮物，簡單來說，就是不要讓員工們有比較的機會，自然能減少管理上的麻煩。

用激勵替代要求

　　沂蓁總監帶人的方式會有四個步驟：**1. 先做給她看。2. 一起做做看。3. 妳做給我看。4. 妳教別人做做看。**訓練員工時，先從「陪同學習」做起，等到學有所成，就要放手讓她們自己去嘗試，再慢慢進行滾動式調整，針對不同時期給予不同的要求。

　　但有時候要求不見得要說出來，見賢思齊也是一種方式。當我們看到表現好的人被鼓勵、獎賞，也能自主性的把「要求」內化，進而努力追求成功。

▲▶
每個月有1次月會、1次月中會，會頒獎、發紅包和慶生。

　　我們有保留之前在傳直銷體系學到的激勵方式，應用在傳統的美容事業裡，效果不錯。例如每個月在總公司開 2 次會，現場會有頒獎大會，鼓勵同仁們都能上台拿獎。曾經有朋友來觀摩，還笑說我們很傳銷，但我不在意，能鼓舞士氣才是關鍵。

 ## 用教育取代責備

　　員工遲到時，做主管的人不要劈頭就罵，要教育她們準時工作的重要性。另外，也要主動瞭解員工為什麼遲到，是不是路途中出了什麼意外？還是身體不舒服？務必先傾聽，再給建議。有時候甚至不見得要給出建議，讓員工有傾訴的出口，狀況就能改善很多。很多時候反而是因為領導者情緒失控，引發了不可收拾的局面。

　　早期剛做生意的時候，有一次上班時我遇到一位遲到的美容師，我一時情緒上來，忍不住脫口而出說：「妳明天再遲到就不要來上班了。」結果，她隔天真的沒有來上班。以前，我常會不小心氣走一些優秀的美容師，沂蓁總監都會提醒我，其實領導者和下屬的相處如果像這般劍拔弩張，沒有誰是贏家，只有雙輸。

　　現在我不罵人了，遇到員工做錯事情，我會苦口婆心教育她，多講幾次也沒有關係。尤其現在的年輕人經不起罵，罵兩句隔天就不來了，但你好好跟她溝通，聆聽她們的想法，帶人帶心，她們就會願意繼續待在公司努力工作。窈窕佳人有很多店長都是跟著我們創業一路做到現在，不離不棄。

271

管理的最高手段是不管理，
處理情緒問題常常都是冷處理

　　女生跟女生之間感情很好，可一旦爆發衝突，通常都不好解決。我的處理原則很簡單，如果是情緒方面的問題，事情鬧到我這邊，我盡量不出聲，因為時間會是最好的療癒工具，如果這時主管插手，事情恐更難解決；但如果是其他屬於制度面的問題，我會立刻處理，避免讓問題發酵，如雪球般越滾越大。

　　所以，管理的最高手段是不用管理，管太多有時候反而會有反效果，盡量讓員工自由發揮，最好能透過完善的制度，配合良好的公司文化，讓事業運轉事半功倍。

　　當然，人與人之間的緣分很重要，有時候有些員工就是和店長或某位夥伴不合，當她越級反映到我這裡來的時候，如果是可留任的人才，擁有連鎖分店的窈窕佳人優勢就顯現出來了。我們可以和店長溝通，並將該員工以「調店服務」的方式重新開始。

　　「把人才留住」絕對是創業歷程裡很重要的一門功課，不然好不容易花了心思、時間、費用訓練好的員工，若只是因為一時情緒而離開，對企業或店長而言，都會是極大的損失。

　　我記得當兵的時候，著重學長學弟制，不管學長的能力有多差、年紀有多小，只要他比你早入伍，就是你的學長。下部隊之後，我們被學長整得很慘，由於我們是大專兵，晉升到下士的時候，往

往會用盡各種辦法整回去。

有一次，我「故意」把學長的假單遺失，讓學長在營區多停留了 2 個多小時……這就是當兵的世界，冤冤相報的負面循環，這也就是為何窈窕佳人堅持不採用「學姐學妹制」的原因，因為我們不希望有學姐欺負學妹、有能力的人欺負沒有能力的人，而是希望創造一個店長帶領新進人員成長，有能力的新進人員也能將之前好的技術或制度提供給公司，做為檢討或精進的工作環境的參考。

未來是女力的世界，
美容業的女性沒有天花板

十多年來，我們所管理的員工大都是女性，對於女性求職者會遇到的問題和需求，十分清楚。

女力時代來臨，各位女性朋友千萬要看重自己，以前的社會總認為男性能撐起一片天，但是這幾年，女性反而有更多特質適合當領導人，像是高 EQ、自制能力強、有同理心等。如果能將這些特質融入到事業上，可以提振員工的敬業精神，帶來更高的績效。

跟大家分享一個實驗故事：日本有座迷你島嶼名叫「幸島」，小島上沒有太多東西可食用，只有一條將要乾枯的小溪與一群猴子。1950 年，日本研究靈長類的生物研究人員，跑去幸島上觀察這群猴子的一舉一動，擔心猴子挨餓，研究人員每次都會帶一些番

薯給猴子吃。

番薯很好吃，猴子們很喜歡，但上頭總有許多泥巴，讓猴子覺得很討厭。剛開始，牠們會用手拍落番薯上頭的泥巴，但有一天，有隻 1 歲半的聰明小猴子發現，用乾淨的溪水可以洗掉番薯上的泥巴，其他猴子很快的也學會這招。於是，幸島上 85％的猴子都知道要用溪水洗淨番薯再享用，但是卻有 15％的老猴子，始終不願意跟著做。

因此，生物學家提出一個「7-11」理論：任何新觀念的推廣，只要初期有 7％～ 11％的人願意接受與認同，時間一長，大部分的人都會願意跟進。

另一天，幸島唯一的小溪乾枯了，又有一隻聰明的小猴子發現，用海水洗番薯，滋味也不錯。於是，在很短的時間內，幸島上 85％猴子都依樣畫葫蘆，但依舊有 15％的猴子，自始至終不願意學習用水洗番薯。有趣的是，這些堅持抗拒改革的猴子，年齡全部超過 12 歲（若用人類年齡換算，相當於人類的 45 歲）；糟糕的是，這群猴子清一色都是猴群裡的領導階層，而且全部都是公的。

這個研究是不是很有趣且耐人尋味？男人很容易沉醉在過去的成功模式，不再追求改變和創新，個人和組織便會開始「老化」。

但表現很好的女性在職場上很容易遇到難以升遷的處境，又稱為「女強人的玻璃天花板」。這個詞源自於歐美，指的是女性在職

場上與人競爭時總會有無形的屏障。

　　根據一項調查,當公司由男性領導且表現不錯時,62%的人會選擇領導者由男性接班;但男性領導的公司陷入危機時,69%人會選擇女性接班,而公司本來就由女性領導則沒有差別,這時候,玻璃的屏障就消失了。

　　現在與未來的社會,女性領導的比例將節節高升,女性不再是弱者,她們握有相當的權利或實力。

　　若以美容這個產業來講,對事業有企圖心的美容師,如何在家庭與事業取得平衡是最重要的課題。想要兼顧家庭和事業,溝通為第一要務。因為美容師工作時間較長,在家庭上的付出時間相對縮

▲ 女力世界來臨,希望女性都能獨立自信有能力。

短，這一點必須優先設法取得丈夫的認同，將家庭問題打理好，無後顧之憂再來談事業；如果是未婚者則沒有這個難題，但是要讓家人認同也不是一件容易的事。

婚姻、子女不一定會跟著妳一輩子，但事業有機會是一生的依靠。對於女性，我覺得最大的保障就是經濟獨立，確保有事發生時，妳會是一個有能力處理、獨立的女人。由此可見，如果妳願意投注心力在美容事業上，未來的表現一定不會比另一半差。我倒覺得，妳比較需要擔心的是，當有一天收入跟成就比另一半或兄弟姐妹要好的時候，反而要學習如何跟最親密的家人相處的智慧！

管理大師　彼得・杜拉克

管理是觀念不是技術
管理是自由不是控制
管理是實務不是理論
管理是績效不是潛能
管理是責任不是權利
管理是貢獻不是升遷
管理是機會不是問題
管理是簡單不是複雜

▲ 我和沂蓁總監帶領員工，有教育培訓，也有玩樂放鬆。

管

「員工轉化成人才」
之路

這幾年，台灣許多企業面臨一個嚴重的問題，那就是「人才的接續」。

人才決定企業的成敗及永續發展的可能，同時也決定了一個團隊的經營實力；人才的培養計畫，是採取階段性的，適性的給予員工教育、考驗及實戰經驗。

依據我們的經驗和觀察，員工任職後會出現階段性的變化，隨著時間成長，每個階段會有不同的心態，企業必須適度的規劃階段性的成長來預防優秀人才的流失。

美容業的員工大致上可以分成 2 種，一種是以技術為導向，這類的美容師溝通諮詢力弱、依賴性高、只會做工不善溝通，永遠只

能當美容師。另外一種是以業績為導向的美容師，她們獨立性高、溝通諮詢能力佳、自律且獨當一面，做自己的主人，把個人當成品牌在經營，未來有機會，就會成為培育人才的關鍵種子。

 ## 與機構、學校合作招攬新血

在員工招募方面，除了透過人力銀行的招募，行政院勞動力發展署桃竹苗分部和美容相關的協會也會推薦人選給我們；我們還與職訓局推動專班合作了好幾年，從中遴選適合的員工。除此之外，窈窕佳人還會與移民署、外配聘僱協會平台的密切配合，招募有意願成為美容師的女性新住民，且因美容師的工作不太需要言語溝通，故在訓練上多以技巧、手法為主，強調落實 SOP 的精神，希望每一位受訓過的美容師，動作都能夠如出一轍。

窈窕佳人的美容師有不少人是來自協會轉介紹的女性新住民，大多數的新住民學習態度認真，賺錢動機明確，非常願意學習一技之長；只是女性新住民通常需要擔負養兒育女的責任，較難配合長時間的上班時程。

另一方面，我們也會鼓勵現有美容師介紹朋友，介紹成功且順利就職，就會發給推薦者獎金。如果是年紀較長的美容師，我們也會鼓勵她們不只作美容師，可以考慮擔當管理職，有更寬廣的揮灑空間。

▲ 窈窕佳人多元育才，與機構、學校都有合作。

　　除了女性新住民，窈窕佳人會與技職體系的學校進行建教合作，招募積極上進且充滿活力的學生族群，只要肯用心付出，窈窕佳人給學生如同正職工作的學習和發揮空間。

　　近年，我們加強和台灣各大專院校的合作連結，包括明新、萬能、元培、仁德、屏科大、南亞科大、大仁科大、還有開南大學，貫徹產學合作，增加學生們的實習機會；2020 年，窈窕佳人還和元培大學合作開設專班，也嘗試和弘光科大、靜宜大學有海青班的建教合作。

老闆交代不能說不會，
吃苦當吃補，才不用吃苦一輩子

我們在應徵員工的時候，其實沒有年齡限制，唯一的要求是必須要會打扮，畢竟是從事美容行業，給人的第一印象很重要，我們目前年紀最長的美容師是 55 歲，比我和沂蓁總監兩人還要年長。

我常常會跟應徵者說，我知道有些東西妳不一定會，老實講我也不會，但是將來妳要學習的是，對新的事物擁有適應力和學習能力，尤其現在網路科技相當發達，任何事情都可以在電腦上找到答案，所以以後我交代的事情，妳不可以說不會，這是我對新進人員最大的要求。

有些人學歷不錯，進入美容業會覺得自己「大材小用」，事實上，大材小用不應該成為抱怨工作的理由，因為要做大事的人，耐受度得提高，妳究竟是不是大材，得看妳能不能被小用。

《能被小用，才是大才》這本書裡就有提到，服務人員分為 3 種：第一種是「站衛兵型」，一定要等到客人發問才要開口回答；第二種是「蛙人型」，會積極主動的服務客戶；第三種是「刺客型」，會主動發掘客人潛在的需求，提供即時的服務。服務業要做得好，就是需要這種刺客型的服務人員。

在我和沂蓁總監在創業的初期，幾乎都沒有假日，每天都要工作 14 到 16 小時，當時助手並不多，有一天，沂蓁總監哭著跑來找

我，説她的手指頭被電風扇打到流血，指甲皮肉綻開。當時我回應她：「應該沒有那麼痛吧？」沂蓁總監回答：「不是痛不痛的問題，問題是今天我要服務 8 位客人。」因為手是美容師的生命，但是沂蓁總監已跟客人約好時間，堅持忍著痛服務完這 8 位客人，做完服務後，整個手指都紅腫了起來。

我們以前在學習過程中會全力以赴，即使有病痛也會忍耐下來，但現代人卻常因小小的感冒而請假，把工作當成工作而不是當事業，沒有使命感和責任感，也不會想把事情做到盡善盡美。

我真心相信，年輕的時候不要怕吃苦，不要怕挫折，因為吃苦跟挫折都會是未來很好的資產。怕吃苦的人會一輩子吃苦，不怕吃苦的人只會吃苦一陣子，正所謂辛苦 3、5 年，風光 20 年。

主管要懂得放手讓員工嘗試

阿里巴巴創辦人馬雲曾説：「員工離職的原因五花八門，真實的原因只有 2 個：錢，沒給到位；心，委屈了。」可見人員是否可以發揮才能和潛力，除了薪水之外，「主管」是關鍵因素。

幸好，我們是有幾間分店規模的公司，美容師在遇到這類狀況時都能夠透過「調店」的方式獲得改善，有些本來很可能流失的人員，因為換了環境和主管，反而更能展現其長，有更好的表現。

有些主管捨不得放權，凡事都要親力親為，殊不知放手讓新進人員去嘗試，才能讓美容師真正學到事情。就像以前讀書時，在社團擔任職務，學長告訴我們「寧願多做多錯，也不要少做不錯」，全壘打王通常也是被三振最多的人。

　　我記得我自己的孩子幼年時期只要踏進廚房，都會被我太太嚴厲斥責並趕出去，告誡他們「廚房是一個危險的地方」，深怕他們燒燙傷；但我則用不同的教育方式，我會拉著孩子的手去碰滾燙的水壺，並詢問他們的感受，畢竟，沒有嘗試過怎麼知道什麼是危險的？我的孩子在國小 3～4 年級時，我就幫兩個小孩買了新竹到高雄的車票，讓他們自己上車，請阿公阿嬤在高雄車站等他們。當時很多人指責我，我不以為意，我會準備好買早餐的零用錢讓他們自理，並訓練他們走 1 公里的路去學校上課。

每位美容師都要建立個人品牌，借力使力不費力

　　沂蓁總監認為，當美容師要選擇成為一位有價值的美容師，必須要建立個人的品牌，不只是為了老闆而工作。能夠建立個人品牌的美容師，客人會捧著錢來拜託妳服務，因為妳夠專業，這樣的美容師經營事業會像倒吃甘蔗一般。

　　在窈窕佳人團隊裡，我們會希望美容師懂得「借力使力不費力」，在什麼都還不會時，能懂得主動開口請資深的美容師幫忙。

對美容師而言，服務、技術和銷售能力，哪一個重要？沂蓁總監認為，服務力最重要，因為唯有心態正確了，服務力才會展現出來。要懂得先知先覺，比客人早一步想到就是貼心，而且腰桿子要軟。曾經有美容師對於必須彎腰幫客人拿鞋子這一點耿耿於懷，覺得自己是下人，但這個舉動其實只是貼心服務的一環罷了。

優秀的人才，是經營美容業永續發展並致勝的重要關鍵，而挖掘人才則是拓展品牌最迅速的方法。我們可以針對經營困難的單店美容店或曾有美容經驗的美容人才，輔導經營管理的策略及方向，依循成功的商業模式，可減少摸索時間、降低成本、改變、整合經營模式。

透過建構式教育的循環系統，規劃完整的優良美容人才教育課程，並針對員工階段性成長而做出生涯規劃及創業引導，做出品牌差異化，提升競爭力，複製成功的經營策略、商業模式來輔導同業，創造利他，共同打造美容產業的精品。

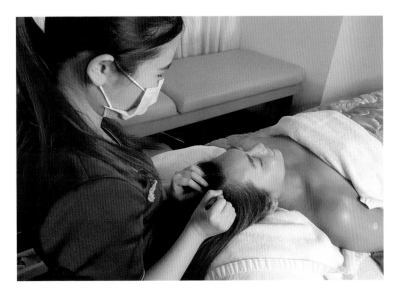

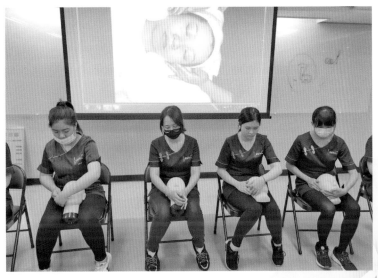

▲ 規劃完整的培訓課程，引導員工成長、建立個人品牌。

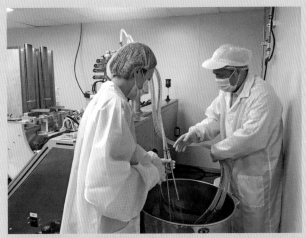

展

變

創 業

STEP

.4.

展

賣療程好，
還是賣產品好？

　　很多美容相關業者喜歡只靠勞力來產生營業額，其實銷售產品不但可以增加店內收入，還能延伸我們的服務力。

　　我們 2020 年通過新竹市政府的 SBIR（經濟部中小企業創新研發計劃），申請的內容主要是在美容美體的業務之外，再加上以純天然的植物泥護理頭皮加深髮色，並透過 AI 智能雲端機器檢測，判別客戶的頭皮，給客戶更精準的臉皮、頭皮健康諮詢。在新冠肺炎疫情期間，我們也沒有閒著，陸續開發出供客人在家 DIY 的植物泥護理包，最主要的目的，就是要讓服務能夠延伸至每個人的家中。

　　所謂延伸的服務力就是透過銷售產品，讓客戶平常在家裡，就能透過產品做基礎的保養；來到店裡，則能由專業的美容師替妳大

掃除（頭皮淨化、清理粉刺等）。

　　美容師們需要經過不斷地教育訓練，基本上，願意開口和客人分享產品的美容師收入通常會比較高。因為疫情，全台三級警戒導致無法開業的這 2 個半月，有使用產品的客戶，我們還可以打電話做售後服務。

 ## 銷 售 需 要 幽 默 感

　　在銷售的過程中，氣氛經常會凝重緊張，這時候不僅客戶心理上有壓力，銷售人員也會有壓力，最好的潤滑劑就是加入幽默的話語來化解。

　　有一次，我在一個飯店上課，主辦單位介紹該飯店的負責人上台講話，現場的同學問了一個大家都會問的問題：「以後我們來可以打折嗎？」該飯店負責人毫不猶豫的説：「各位學員來當然會打折。」學員又問：「那打幾折？」我心裡想這人真沒禮貌，怎麼會這樣問。大家都豎起耳朵，好奇的想聽這位飯店負責人的回答，他微笑且不疾不徐的説：「沒問題的！打折打到骨折好不好？」這般不加思考又幽默的回答，讓現場一陣哄堂大笑。

　　這讓我想起多年前，我帶著全家人去日月潭一遊的感觸。那日，欣賞風景之餘，我發現在碼頭的主街上，有一個賣香菇包的攤販，老闆生意特別好，一堆人排隊購買，店名叫「做不復賣」。我

與友人相當好奇,問老闆這店名是什麼意思?老闆說:「沒時間,做不復賣」(台語,意思是做到來不及賣,表示生意太好)。沂蓁總監後來也去排隊買 1 顆來吃吃看,老闆遞過香菇包後,我們問:「多少錢?」老闆竟回答:「不用錢。」老師回說:「怎麼可能?」老闆接著又說:「妳這麼漂亮,不用錢。」並指著桌上的零錢桶說:「自己找。」

沂蓁總監望著桌上的沾醬共 4、5 種,不知道該加哪一種醬?便問:「老闆,哪個沾醬好?」老闆指著其中一罐說:「這個好,這個有加感情的,因為這一瓶是我特調的。」而這一瓶醬料也的確是最多人使用的。

後面排隊的小姐忽然冒出一句話:「老闆,我要買香菇包。」老闆說:「妳要幾百個?」現場的消費者笑成一團。我則是真心佩服這位老闆,我講課時頂多問 5 顆還是 10 顆滷蛋,他竟然問人家要幾百顆香菇包?老闆的幽默一次又一次的讓整個攤位充滿歡笑,生意會這麼好,我想也是理所當然的。

因為,幽默可以化解很多事情,懂得幽默的人,會讓人如沐春風,與他相處輕鬆愉快,沒有壓力,而且心甘情願的掏腰包消費。

 ## 產品銷售最好占總收入的 3 成以上

銷售產品還有一個很大的優勢,現在所有的企業都面臨台灣少

▲ 產品銷售最好占總收入的 3 成以上。

子化而找不到員工的情況；試著想一想，如果店內的業績，全部仰賴於銷售產品與全部靠手技的收入，哪一種狀況會需要最多的人力？

　　而且，固定支出的結構也會產生變化。以我們的經驗，店內的產品銷售比例，最好能夠超過總收入的 3 成，有些連鎖機構甚至會超過 5 成。當中唯一要注意的事情，就是不要讓客人產生一種感覺：每次到店裡都會被強迫銷售。時間一久，可能會讓消費者心裡有壓力而不敢上門。

　　男孩子剪髮不喜歡時間冗長，簡單剪短就好，這幾年很多百元理髮店如雨後春筍般的成立。一開始我們和同業聊到，都以為這大概是短暫的現象，想不到如今也做得有聲有色；連我自己也都是在

這樣的理髮店裡消費。但其中就有一家店，會一直推銷美髮券，或者強力說服你增加療程。我曾買了一期的券，券買了就不得不在那間店消費，這當然是鎖住客人的好方式，但每次去那家店，他們總有新的花樣要你做新的消費。到最後，我把券用完後就逃之夭夭，再也不敢到那家店了。

在窈窕佳人，我們會盡量避免這類事情發生，內部教育裡還特別整理一個「窈窕十招」，就是第一線的人員不要給消費者太多的東西，簡單就好，最重要的還是服務人員與客戶之間相處的感覺，當客戶喜歡我們了，感覺對了，自然而然就會成交，沒有賣不掉的商品，只有賣不掉產品的銷售人員。

不買的 6 大理由	顧客最不能忍受的事
1. 不喜歡該美容師	1. 過了預約時間等待
2. 不相信美容師說的話	2. 氣氛嚴肅
3. 不喜歡該產品	3. 技術太差
4. 不懂美容師說什麼	4. 中途換人
5. 無法決定	5. 推銷
6. 擔心買不起	6. 課程太貴
	7. 課程中接電話或做別的事

▲ 簡單就好，感覺對了，自然會成交。

買下工廠
生產優質美容品

往上游發展，生產自有品牌

初期創業，委託代工廠為我們生產品牌，但因為生產的量都不大，常常會被刁難，產品的品質也都掌控在別人手上，所以一直有往上游發展的想法。

我們為了實現這個目標，還往返臺中到靜宜大學進修化妝品科學碩士學位，建置化妝品 GMP 及 ISO 合格工廠。這比我們當初想像的還要難，整個執照申請跟建置花了 1 年多才完成。

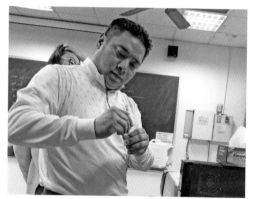

▲ 到靜宜大學進修化粧品科學碩士，往上游發展。

優質保養品，品管透明負責任

因為自己經營工廠，保養品的內容物、有效成分跟品質可以更透明的掌握，也是我們對消費者的責任與承諾。

成立工廠的過程也是一段故事，建立團隊需要人才，史料有句名言「內舉不避親」，剛好我小姨子的老公是台北科技大學化工碩士，之前在科學園區任職高階主管，但薪水領久了也興起創業念頭，對我們的美業市場前景也十分看好，因此，在天時、地利、人和之下，我們創立了屬於自己的 GMP 工廠。

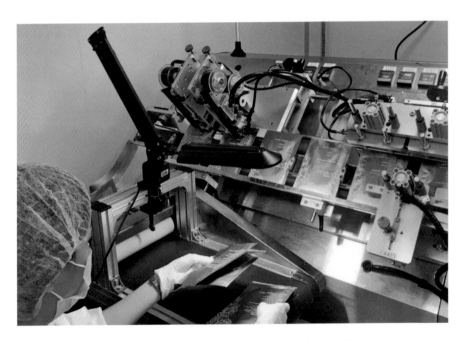

▲ 面膜生產：製作過程透明，承諾優良品質。

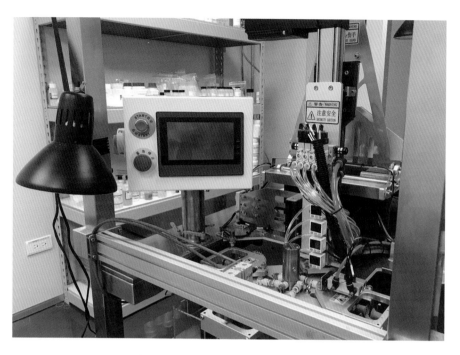

▲ 建置化妝品 GMP 及 ISO 合格工廠。

GMP、ISO 合格工廠，共創多贏發展代工

　　有了自己的生技工廠，可以更靈活的生產窈窕佳人店家所需要的產品；還可以用過來人的經驗，接受別家美容沙龍同業少量多樣性的委託，甚至也開始透過政府的平臺，接受國外品牌的代工，一舉數得。

美的事業
在台灣有發展性嗎？

服務業興盛的時代

在我念書時期，電子相關科系是大部分聯考族的第一志願，因為當時千萬富翁都是來自於新竹科學園區。

像我這種課業成績比較差的人，都只能考進技職學校，不愛唸書，只能培養一技之長。當時，親戚朋友那些書讀不好的子女們，都是去念餐飲、旅館、休閒等相關服務業科系。

30 年後，台灣服務業抬頭！歐美等高度開發國家也是如此，服務業到最後都超越了製造業，成為社會的主流，也是台灣 GDP（國民生產毛額）的最大宗。根據統計，台灣美容美髮業每年產值約為新台幣 450 億元以上，年成長率超過 6.2％。

　　台灣早期美容美體產業大多是美容與美髮業，隨著台灣社會人均所得的增長，美容美體產業服務的項目已越來越多元化，主要營業項目包括美容、美髮、美體瘦身、整型手術、芳香療法、婚紗、整體造型等，其次還包括相關實體如化妝品、保養品、瘦身產品、美髮產品、香水的企劃管理（研發、製造、檢驗和行銷）與美容美體的教育訓練等相關營業範圍。

　　台灣美容美體產業在都會城市當中，大多以休閒健康產業及美容產業轉型而成，以一種複合式經營的方式，使消費者體驗全方位的身體享受；提供消費者享有休閒健康生活環境、專業美容、紓壓整體療程，以達到美容、紓壓、放鬆、養生、休閒、健康等多元效益，獲得身、心、靈的平衡與健康。

▲ 我們將窈窕佳人定位為「區域性的精品」在經營。

近年來，醫學美容技術和儀器的進步瞬息萬變，加上社會的高齡化人口趨勢，人們對於抗老與外在越來越重視。隨著衛生教育的普及，個人保健意識和經濟能力的提升，相對也提高了醫學美容相關服務及療程的花費。這種非必要性醫療行為逐漸受到消費者的高度接納，進而推升美容市場的發展。

而傳統美容院與保養品，也深受醫美產業的衝擊。未來在抗老議題及新興市場的需求持續增溫下，將可帶動醫學美容產業發展。醫學美容市場涵蓋層面廣泛，包括：健康食品、美容保養、減重等。醫學美容的興起，或多或少開始壓縮傳統美容院的市場，使得美容市場不得不轉型或朝向多元化發展。

台灣美容院的經營模式慢慢從單店逐漸轉型為連鎖加盟經營體系，例如已經上市的克麗緹娜（4137麗豐）、佐登妮絲（4190佐登）等，窈窕佳人除了在新竹、苗栗、桃園陸續發展連鎖店之外，也即將朝加盟事業發展。

因為我始終堅信，愛美是人的天性，使人美麗的行業是亙古至今不會衰敗的行業，隨著台灣社會人均所得的增長，休閒服務產業快速興起，美容美體行業未來市場潛力無可限量。

 ## 窈窕佳人遇到的低價競爭和人才不足挑戰

初次進入競爭市場或推出新產品之際，以低價策略占有市場或

打開品牌知名度，這個方式在各行各業隨處可見。以美容 SPA 業為例，在我們創業初期，剛好遇到各大專院校開始推展休閒產業科系，包括美髮、美容還有保養品相關科系。

當這些學生畢業的時候，就會變成我們強大的競爭對手，因為，她們在學校擁有丙級或乙級的國家美容證照，投入職場時往往優先選擇創業，美容美髮院就會如雨後春筍般的出現。在這之前，美容行業是不讀書的小孩子才會做的工作，但其實在當時的環境，這個行業要賺錢是非常容易的一件事情。

可是這些孩子創業後將會面臨到很多問題，其中一個就是低價競爭。199 元、299 元這般低價的收費模式，讓我們的生意也首當其衝，只能被迫跟進；然而後來我們發現，在店家沒有賺錢或過度擴張的情況下，有很多業者在短時間內面臨經營不善的情況而出現倒閉潮，例如：亞力山大、佳姿等知名美容機構還有一些小店舖，尤其是資本額較大的店家，支出和負擔反而不容易經營。

這其中小規模的美容院，尤其是不用繳交租金的自有店面，不然就是技術面或銷售層面特別強的才能存留下來。於是，市場上淘汰了一批初生之犢，這讓我們意識到品牌的重要性，自立門戶創造了窈窕佳人美容美體事業，慢慢地建立了口碑，一步一腳印，才有今日的規模。

7、8 年前，我們遇到了第二個考驗，就是台灣開始流行做醫美，有顧問提醒我們，這是很大的威脅。事實上，為了因應這一點，

我們做了 2 件事情,因而能在面臨強大競爭的環境下存活下來而且更加茁壯。

首先,是把服務做到最好。面對 M 型化的社會,我們選擇提升品質,真正做到親切服務、專業品質,讓消費者能得到高貴又不貴的服務,我們將窈窕佳人定位為「區域性的精品」在經營。

再來,我們讓所有的店長跟美容師入股店家。因為台灣少子化的關係,我們面臨到服務業常見的問題,就是人力短缺,尤其近年政府推行一例一休,讓這個問題雪上加霜。我們必須建立一個有良好收入,讓伙伴安心且有歸屬感的工作環境,才能真正解決人力問題。

對於低價競爭的對手,我個人認為,服務業在這方面只要能做出服務差異化,尖端的客戶就會買單。前年 7 月和今年的 3 月,我們再次提高服務的價格與價值,並且增加美容師的福利,讓整體人員的流動率變小,甚至可以吸引同業高手加入。

 ## 美容業的價值提升

「美容師與美容匠的差別在哪裡?」

在外面演講時,我常會問大家這類的問題,問完通常現場都是鴉雀無聲,不知道答案是什麼。

窈窕佳人與其他傳統美容業的差異

	窈窕佳人	傳統美容業
經營時間	增加營業時間，將上班人員分配二班制，從早上 9 點半至晚上 10 點。	早上 11 點至晚上 8 點。
主要客群	專業技術以產品帶動臉、身體、塑身為營業項目為導向，將消費年齡層及族群擴大，增加客群廣度深度。	以療程操作為主，產品為輔。
客戶問題	客戶最在意的問題：1. 技術；2. 服務；3. 環境；4. 效果；5. 價格；6. 心靈；7. 口碑。必須滿足客戶所注重的問題，改善並加強服務人員專業溝通訓練。	教育只加強技術訓練，未給予溝通技巧及客戶心理訓練，無法滿足客戶要求，大部分的美容師只會做工匠，缺乏溝通技巧。
店內環境	落實環境整潔，打造健康休閒舒壓環境，空間較大，乾淨明亮。	大多擺飾雜亂，環境衛生未重視，個人工作室品牌形象沒系統。
售後服務	養成客戶 1～2 周來店護理，並於來店前一天用 Line 或簡訊系統提醒，護理後也會做售後追蹤，3 天後免費回店複診以追蹤皮膚護理狀況。	做完不會做售後追蹤。
員工培訓	針對專業技術、知識、服務、溝通、心靈、生涯規劃、投資理財、職場倫理、形象、美姿美儀等做訓練，滿足客戶的需求。	教育訓練內容廣面不夠，只以技術為主，所以訓練的美容師產值及獨立性不同。
創業引導	員工做階段性成長與規劃以留住人才，避免浪費教育成本，協助創業，完成自己的夢想。	因學習停滯，動力熱情降低，找不到人生方向。
輔導同業	對於經營困難的店家可以協助改變產品、經營策略，進而迅速轉型獲利。	店家都是單打獨鬥、閉門造車的經營模式。

303

我的答案是，美容師與美容匠的差別在於服務力與銷售力。在還沒有成為主管之前，美容師應該要專注在這兩項能力的提升，因為這就是為什麼傳統市場上賣的 400 多元的肋骨牛排，端到王品的餐桌上卻是賣 1400 元，關鍵就是在於服務。

同一條街上享有同樣條件的美容院，為何有人可以一做 20 年，有人卻只能開 3 個月就夭折？關鍵原因就是銷售能力；也就是說，服務力能提高商品的價格，銷售力能確保生意的永續經營。這兩種能力，都是缺一不可的。

印象中，美容這個行業在 20 多年前，大部分的人都認為是不愛讀書或是誤入歧途的孩子才會從事的工作，可是這個行業近年來有很大的變化，服務別人不再是卑賤的工作，而是一種時尚又具發展性的行業。只要你願意度過前半年的學習考驗，習得一技在身，此生將受用無窮。

所以，我們在 101 年成立了新竹縣美容美體技藝培訓協會，集結更多同好，透過協會進行教育訓練和資源分享，希望能在競爭激烈的美容紅海裡，嘗試培養專業的美容美體師、培養專業的美容美體講師以及創造就業率，提升國際競爭力。

這兩年我們特別與堅兵智能科技公司合作，引進 AI 智能頭皮／膚質檢測儀，利用這台機器幫客戶檢視臉皮跟頭皮的過程當中，透過雲端的大數據，進行更精準的分析，甚至推播報告到客戶的手機上讓受測者帶著檢測數據。這樣更專業的護理過程，可以讓客戶

更安心放心。

　　坦白説，做美容這個行業的人，真的會老得比較慢，在同年紀的人群中看起來總是比較年輕、耀眼。

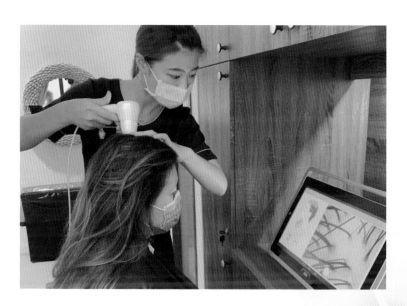

▲ 引進 AI 智能頭皮／膚質檢測儀。

疫情後
的窈窕佳人

知識就是力量，這句話完全錯誤，「運用」知識才會產生力量。

　　一家企業的成功與否，靠的是「策略」、「執行力」，還有「運氣」。這次的全台防疫升級至三級警戒，對所有的產業來說，應該算是「運氣」使然，即所謂天時、地利、人和所講的「天時」吧！（時也，運也，命也，非我之所能也）。

　　在談疫情之前，我想先跟大家聊聊 2008 年的金融海嘯。

　　2008 年金融海嘯，讓台灣許多事業都被打趴，但我們的美容事業不退反進。

　　一方面是我們做了網路行銷，另一方面，金融海嘯讓許多新竹

科學園區的工程師紛紛放了無薪假，平常工作忙到都沒有時間來消費的她們，現在全部都來預約了；不管是白天，還是晚上，我們的來客量都是超載，甚至我們還被客人逼著去竹北開新店。

我常常在想，如果 2008 年的金融風暴再次席捲台灣，我們應該如何準備？

我很喜歡跟人分享 2008 年是我們轉型成功的一年，長春店的業績與人員都在那一年往上提升，科學園區的休無薪假反而讓我們的來店客人爆滿、美容師倍增。

有了這次的經驗，我想跟大家說，不用害怕大環境的利空消息，搞不好這又會是我們再創佳績的好時機。只要夥伴們願意跟著我們的腳步，「心頭抓得穩，不怕樹尾做颱風」，就能一起再創高峰。

 ## 疫情期間新推出新品牌「養護染」

Covid-19 新冠疫情從 2019 年年尾開始延燒，至今都在反反覆覆的緊繃之中，我們也被迫停業了數個月。

桃園蘆竹店是桃園第二家店，另外還有桃園大有店，這兩間是這次疫情下受創最嚴重的店面。

疫情期間，我們自製了次氯酸水免費贈送給客人，也啟動了防疫機制並且封館，客人看到我們封館都嚇了一跳，但封館就是要為了讓客人安心。只要事先預約，窈窕佳人就給你一個單獨的空間，不會讓你跟其他人有所接觸。

很多的美容相關業者，只會靠勞力來產生營業額，但其實銷售產品不但可以增加店內收入，還可以延伸服務力。近年，我們想要跨足大健康產業，與醫美事業合作。開始觸及醫美事業，這個概念我們漸漸在實行中，也從美顏護膚進展到頭皮照護。

其實，我們原本是計畫要開設頭皮養護中心的獨立店面，但因為疫情，只能先打住。

去年，我們通過新竹市政府 SBIR「中小企業創新研發計劃」的申請內容，主要是在美容美體的業務之外，透過日本公司健康天然草本的養護髮料，降低經常性染髮對頭皮的傷害，推出了新品牌「窈窕然髮頭皮養護」。

會想要做養護染的事業，是因為以前業界都是依賴整燙染，結果帶來不少後遺症，使用者頭皮變得油膩、毛孔阻塞、頭皮屑變多，產生很多問題。而且身邊的朋友因為密集染髮而重病，讓我不敢再去染髮；但畢竟我是常常要在外頭奔走的創業者，滿頭白髮並不好看。但在偶然的機遇下，我嘗試了這種健康的養護髮料，不僅讓我白頭髮變少，頭髮也變得很有光澤，便想要讓愛美的客人們都能嘗試看看。頭皮就像土壤，身體如同大地，人體都是牽一髮而動

▲ 疫情期間封館服務，讓客人放心。

▲ 頭皮養護新品牌「窈窕然髮」。

全身的，把頭皮照護好，很多身體問題都能夠迎刃而解。

除此之外，還能透過 AI 智能雲端機器檢測判別，給客戶更精準的臉皮和頭皮的健康諮詢。在疫情期間，我們也沒有閒著，在很短的時間內又開發出可供客人在家 DIY 的植物泥護理包。

開心的是，2022 年開春我們在新竹高鐵區，開出第一家〈窈窕然髮〉，做為頭皮養護的專門店，也是我們第二個加盟品牌，營運以來一直受到各界的好評。

新聞陸陸續續出現一些業者因為疫情結束營業的消息，台灣服務業多方的壓力也慢慢浮現。最近，我常用視訊找朋友聊天，學習成長不間斷，得到很多啟發，因為同業們也都在努力的想方設法，而不是坐以待斃，他山之石可以借鏡。

我也和店長們視訊會議，決定做防疫期間的售後服務，透過關心電話，與客戶互動保養觀念及方法，同仁們也可以有一些收入。

店長們也提出她們的顧慮，例如同仁執行的意願、客人的接受度、會員如何分配等。我們透過溝通，形成共識，確定獎勵辦法後，我鼓勵店長們，接下來端看各位的「領導智慧」跟「執行力」。

領導者的執行力就是組織的執行力，事實將再次證明，願意配合公司的腳步，跟隨團隊前行的管理者，不但能走得快，也可以走得遠。因為，真心和用心的服務，一定也會得到客人們的讚賞與支

持。希望疫情過後，我們可以大聲的跟朋友説：「窈窕佳人的團隊，打斷手骨反而勇！」

 必須不斷學習更新，不變只能等死

經營事業必須保有彈性，你知道嗎？知名的太陽馬戲團本來其實是動物表演團體，後來才改成以人為主角，加入服飾、音樂和舞台創新，變成全球頂尖的表演藝術團體。

星巴克原本定位自己是「城市中的綠洲」，咖啡不只是飲料，更是享受悠閒放鬆的代名詞，所以每一杯咖啡都能賣到上百元；但是當便利超商推出平價咖啡後，星巴克也意識到危機，雖然一開始總公司相當堅持品質和氛圍，只願意專注在咖啡本身的價值，但後來依舊參考了消費者的需求，彈性調整推出了甜點……

20 年前，美容業毛利甚高，如今已經變成微利事業；醫美盛行，瓜分了許多美容院的客人，很多不做身體美容的店家也只能從善如流，美容師也不再只學一種技法。因此，只要保持彈性，事業就會充滿無限的可能。

有人花了一輩子經營事業得到成功，卻花了 2 ～ 3 年搞垮自己的企業。過去的成功經驗反而害了自己，永續經營是要靠不斷的地學習和成長，才能走出自己的舒適圈，迎向另一個高峰。

再大的企業都有其生命週期，懂得創新的企業因為不斷的創新而避免衰退，且不斷成長茁壯。每個人都必須不斷學習，才能不被職場淘汰。

行銷學有句話：「Innovation or die.（創新，不然就等死。）」中國最深奧的一本書叫《易經》，其結論在講世界上唯一不變的真理就是「變」，過往成功的條件和方法，不代表適用於未來，事業與個人也一樣，都必須不斷調整心態與做法。其實為了真正達成永續經營的目的，就是得要透過不斷的學習。

過去的文盲稱的是不識字的人，但現代的文盲，我認為是指不懂得使用電腦的人。現代大量資訊都已經透過電腦互相傳輸，如不懂得操作電腦，等於資訊比別人落後好幾倍。

美容業也要與時俱進。以前，我們是教美容師用眼睛幫客人的皮膚作判別，再推薦適合的產品給客人，這樣的程序需要花很長的時間，少則半年，多則 1 年；但如果能藉由最新的 AI 技術，我只需教會美容師操作機器，就能在短時間內瞭解客人的肌膚狀況，直接由系統列出建議的美膚產品，使用過後再做儀器測試，數據化顯示皮膚明顯改善的成效，客人自然就會知道該買什麼樣的產品。而且科技運算的結果，更具備專業說服力。

張忠謀也曾說，未來 5 至 10 年，有 8 成以上的工作會被 AI 取代。也就是說，複雜的工作會被 AI 取代，簡單的工作會被機器人取代。所以大家應該要思考的是：你會不會被取代？就連很多人都

認為取代不了的彩妝工作，現在已經有機器量產，30 秒內透過機器就能上妝；還有一種發明是你在生活之中發現一種顏色很適合當眼影色，放到列印機裡印出來後就是你喜歡的那個顏色。

　　即便如此，我仍然可以很自豪的告訴大家，20 年前的美容手法我們還在使用，30 年前的美容產品到現在還在熱銷，美容師除了擁有這麼好的技術之外，更不要抗拒 AI 產品，我們可以擁抱 AI 技術，把 AI 當作一種工具，產生 1 ＋ 1 大於 2 的功效。

▲ 大專學生進行企業參訪，實際體驗 AI 智能膚質檢測。

. 結 語 .

結語

享受工作，
有錢也要有閒

成功的人懂得有所堅持

聽過提水或接水管的故事嗎？從前，有個村莊住著一對好朋友，他們經常談論夢想，談論如何成功，他們努力工作，不怕辛苦，也一直在尋找機會，期望能達到目標及實現夢想。

有一天，這個機會終於來了！村長決定雇用這兩個年輕人，穿過山谷把山上的泉水運到村裡來，報酬則由運水的數量來計算。兩人非常興奮，馬上投入工作，每天都努力地提著水桶，往來於村莊跟湧泉地之間。

時間一天一天過去，兩位也得到應有的報酬，A君心想，如果想要賺更多的錢，就要提更多的水，要提更多的水，最好可以把自

己的水桶加大容量。B君同樣想要賺更多的錢，但他想用更輕鬆的方式賺錢。他想，如果可以接一條水管到村莊裡，就能將水輕鬆的運到村莊裡。某一天，B君跟A君分享了這個想法，希望可以一起建造水管，但A君拒絕了，因為建水管會耽誤他每天賺錢的時間。

這個故事先說到這，大家應該能猜到結局了。口渴了提水是最即時解渴的方式，但如果要有源源不絕的用水，初期在時間和體力方面的犧牲在所難免，有時還會遭到身邊的人冷嘲熱諷，重點是也不一定會成功；但是成功的人都懂得有所堅持，排除萬難，只要管道建成，隨時想喝水，打開水龍頭馬上就有了。

同樣的道理回到美容本業，應該沒有人希望一輩子都只當一位美容師吧！因為人的體力有限，如果可以，最好是能在我們的體系

▲ 店長取得學位。

裡慢慢壯大。我們曾有內部講師甄選的活動，竟然沒有一位店長是學士畢業，在我們的鼓勵之下，目前已經有 3 位店長完成學士學位，還有 2 位正在進修中，甚至還有一位店長在攻讀碩士。

有了基本學歷，接下來的路就會更加寬廣，除了能成為中高階主管、分店店長，還可以試著到職訓局、協會，甚至是大專院校兼課。延遲享受的結果，未來可以享受更多。

🌸 有錢和有閒

既然如此，我們應該什麼時候開始建立自己的「水管」呢？《今周刊》有篇文章是〈漁夫與商人的故事〉，內容如下：

　　一個有錢的商人來到一個小島上渡假，雇用了島上的一個漁夫當導遊。幾天的相處後，商人對漁夫說：

　　「你為什麼不買一艘新漁船呢？有了船就可以捕更多的魚，賺更多錢。」

　　漁夫說：「然後呢？」

　　「你賺的錢存下來就可以買第二艘、第三艘漁船，擁有自己的船隊。」

　　「然後呢？」

　　「你就有資本建設魚罐頭工廠，行銷全世界。」

　　「然後呢？」

　　「你就可以像我一樣，每年可以有一個月優閒的在這小島上渡假，享受自己的人生。」

　　漁夫回答商人：「可是，我現在已經天天在這小島上渡假享受人生了啊！」

　　說完兩人沉默不語，最後，商人留下一句話：「也許你覺得自己可以一直在這座小島上度假，但這樣的生活，只是我一年的其中一小部分。」

　　故事讀到這裡，我們可以分成兩個層面來做解讀。很多人都會說錢不要賺那麼多，夠用就好。會說這種話的人有兩種，一種是沒辦法賺更多錢的人，一種是已經財富自由的人。就好像每每聽到人家說健康很重要，通常都是經歷過病痛才會有此體會。

　　當下生活過得不錯，不代表自己擁有選擇權；想增加選擇權的方法，就是提升自己解決問題的能力。

我時常有機會跟商業界的朋友餐敘或聊天，談話中我得到一個結論：「只要肯做，態度對了、環境對了、時機對了，賺錢只是附加價值。」

　　我發現那些有所成就的人，都是越挫越勇和抱持不屈不饒的精神走過來的，可是他們都很羨慕我，雖然我的成就沒他們高，但卻有很多時間做自己想做的事。

　　我有兩位企業家偶像：一位是王品集團創辦人戴勝益，聽說他之前1個禮拜有5天在山上；另一位是前奇美董事長許文龍，據說，他每個禮拜進辦公室超過2次的話，會不好意思讓別人看到，大部分的時間他都在釣魚，所以說：「有錢真好，有閒更好。」

　　我們在工作上一切的努力，都是希望獲得財富自由，還有一個比財富更重要的是時間上的自由。我們看到大部分生意上做得很成功的老闆，往往時間都被綁在事業裡。我最羨慕的是擁有被動收入，生活時間自由，可以做自己有興趣的事，還能多陪陪家人。

　　奇異（GE）前執行長說：「在你成為領導者之前，成功是使自己成長；成為領導者之後，成功便是讓他人成長。」

　　在創業的過程中，我真心認為忙碌比閒下來好，因為有夥伴們共同的意念，那種想要往上的力量，將促使我們不斷地往前走。尤其現在的心態，就是希望跟著我們的同仁都可以一起得到想要的成功，工作和事業如果能做出成就，那工作就不再只是工作了，會變

成生活的一部分。

　　我衷心期盼在我們多年的努力之下，這些一起努力的事業夥伴都能在經濟自由的情況下，一起學習人生的必要課題：「有閒真好，享受工作的成就感更好。」

HAPPY together

臺灣十景
清水斷崖

窈窕佳人美顏美體SPA生活館
DAYSPA

WORK to-gether

Apple Podcast

Google 播客

窈窕官網

窈窕 LINE@

窈窕 FB

CEO圖書室YouTube

附錄

店 長 感 言

稚妃

新竹長春店　店長

窈窕佳人
的夢想之路

夢想的實踐

　　每個人都有「夢想」，對於我來說，夢想並不難，難的是有了願望，還得付諸行動，才能實現夢想。一直以來，我深信一句老話：「機會是留給準備好的人。」的確，機會是留給勇於嘗試，且願意堅持到底的人。雖然說萬事起頭難，很多人往往被一開始的困難打敗，因此放棄，離夢想和自己的初心越來越遠。但我深深明白凡事只有實際去做，才可能獲得機會；如果每件事都要有完全的把握，才去執行，那麼又能有幾件事可以實踐，進而獲得成功呢？

我的「創業」之路

　　我從學生時期就開始打工，出了社會多年，從事過不同領域的

工作；其中美容美體的相關行業，是我最熱愛的一份工作，所以才能持續到現在。回想我的美容生涯，最重要的轉捩點，就是多年前和我的好友兼夥伴，也是窈窕佳人安興店的店長雅芸，一起創業開了一家小型 SPA 館。

回想起創業的日子，跟現在融入窈窕大家庭的感覺截然不同。自己創業當老闆其實不簡單，大事小事都要自己來。雖然自己當老闆，獲得了自由，但是我們也花費不少時間跟金錢，學習不同的技術來精進自己；深怕漏掉任何一位客人，所以連假也不敢多休。開店一段時日之後，我們有各自的人生大事要經歷；也因此這家店的去留讓我們陷入猶豫和長考。此時，我們很幸運的遇見了生命中的貴人——執行長及總監。

🌿 我 的 「 窈 窕 」 之 路

剛加入「窈窕」這個大家庭時，內心也曾經很徬徨不安。所幸從一開始，總監親力親為，手把手的教導技術，不厭其煩的陪伴練習，以及其他分店的夥伴過來支援。記得當時雅芸臨盆和坐月子期間，我以為自己會孤軍奮戰，分身乏術。但總監商請惠卿店長過來協助帶領，深深讓我感受到這個大家庭的溫暖及力量。

在窈窕的日子裡，從一開始心裡的矛盾及摩擦，慢慢地深入瞭解窈窕的文化與精神後，團隊的力量與支持變成我的最佳後盾。到現在讓我一直記憶猶新的一句話，就是執行長說的：「我是看中兩

位的才能。」很感謝執行長的愛才、惜才、相信我們的能力，讓我能夠自由發揮屬於我的夢想藍圖，抓住了夢想的機會。

　　謝謝執行長與總監的信任，讓我能夠接下窈窕佳人的創始店——長春店的店長一職，對我來說這是個很不一樣的挑戰。所以，即使心中的願望是那樣遙不可及，也只有做了才知道答案；不管過程中再多的苦與淚，就算結果不是那樣完美，那也是屬於自己的經歷，不會後悔。

依臣

新竹竹北店 店長

窈窕，
是我的終生事業

美容，我的第一志願

我從高中開始半工半讀，當時只有美髮有建教合作，所以我只好成為美髮助理；但我心裡的「第一志願」就是美容。我也把美髮當作第一個出社會的經驗，還記得當時的建教班，早上到學校上課，下午一點進入店家實習，直到晚上九點。

第一次接觸到這麼多客人，既害怕又緊張，但我覺得好好的服務，客人總能夠感受到。做美髮的確很辛苦，久站容易靜脈曲張，以及長期為客人洗頭，雙手的皮膚出現問題。再加上不只洗頭，還要護髮、幫忙上藥水、按摩等瑣碎的工作；而且如果沒簽約就沒有更進一步的學習機會，比如剪髮、燙髮……

　　高中三年因為做美髮，深刻體會到工作的辛苦，因而讓我成長，懂得感恩爸爸上班賺錢的偉大。畢業後我順利找到美容的工作店家，重新面對不同的客人和同事，學習新的工作內容，都是極大的挑戰。幸運的是遇到很好的學姐們，讓我從基礎技術開始學起，雖然在過程中辛苦得想放棄，但還是撐了過來。

　　例如按摩最難的是借力使力和身體力的運用，每次練習完，回到家筋疲力盡，全身酸軟。但學來的技術是自己的，不怕被搶走。老師的鼓勵讓我前進，很多小技巧都靠著學姐們的指點得到突破，終於通過考核，可以服務客人。接下來這個階段的挑戰是專業和溝通技巧，利用空檔時間多充實自己，學習如何拉近跟客人的關係。

❧ 我的「窈窕」契機

　　在一個契機之下，外子的朋友認識了窈窕佳人，讓我有機會可以學到紮實的技術。雖然我在上一家美容店曾有經驗，但到了這邊發現好多新的課程，開啟了新的學習之路。學習過程沒有之前辛苦，我很快就上手，也得到客人的信任，跟著學姐的腳步，漸漸的讓更多客人認識我。

　　不知不覺，我在窈窕佳人 3 年了，從沒想過再往上爬，只想安逸的過日子。這時機會來了，總監問我想不想挑戰「副店長」這個職位，當時我思考了一段時間，覺得自己還有很多不會的，實在沒有多大信心。但在大家的鼓勵下，我仍勇敢挑戰了副店長的職位。

　　轉換位置後，以往的想法都改變了，每天都在思考如何讓我們店越來越好，和店長一起思考該如何讓夥伴們能在窈窕佳人學習更多的專業技術。儘管擔任當副店長只有很短的時間，但我也開始想挑戰店長的職務。窈窕佳人是一個能夠讓我好好發揮的舞台，讓我勇敢地訂定目標克服挫折。接下竹北店後，我用心改造了一番，運用充滿美感的裝飾，布置植物讓空間變得鮮活溫馨。

　　每一天，我整個人全心投入工作，當成自己的事業來經營這家店，我們的執行長常常安排店長們喝下午茶聚餐，在愉快融洽的氣氛中，我們彼此交流學習，不斷調整自己，培養和大家的感情，攜手把窈窕佳人經營得更壯大。回想在窈窕佳人這 6 年，經歷很多，感謝曾經在我挫折無助時，陪伴著我度過親友們，謝謝你們讓我相信自己，勇於迎向挑戰。

Apple

新竹建中店　店長

我的

窈窕「家」人

轉換跑道，學一技之長

從學校畢業之後，我一直在園區上班，當時的工作和薪水都很穩定；說好聽點是穩定，其實是日子一成不變。有一天，在上班的路上，一個念頭讓我開始思考未來職涯的規劃，我問自己：「妳真的想要過這樣的生活嗎？」

每天，太陽還沒出來就要出門上班，到了公司一直工作，落日後才能下班回家休息。就在這時，剛好遇到金融風暴公司裁員，或許這就是個契機吧！幾經思考後，我終於鼓起勇氣提出離職。那時的我覺得，自己若是沒有一技之長，就只能被動的枯等哪天被裁員的命運。所以我下定決心，決定趁現在自己還年輕，想學一技之長還來得及。

　　一開始學美容是因為自己是痘痘肌膚，常常被譏笑，取很多難聽的綽號。每當別人嘲笑我是「痘痘公主」的時候，心裡很難過，但我也不能說什麼，畢竟臉上就是容易長痘痘。而逛街走在路上時，常常被別人攔下來，推銷產品。所以想了想，我覺得「美容」或許是適合我的產業。

　　剛踏美容產業時，我是從個人工作室開始做起，但那時候的我，每天在工作室從早忙到晚，連吃飯的時間都沒有，也沒有真正學到我想學的技術。思來想去覺得這樣不行，一技之長學不到，豈不是跟之前在園區的生活沒有兩樣？於是我開始上網找比較有規模的公司。

 感謝生命中的貴人們

　　第一天面試就遇到了我人生當中的第一個貴人：老師跟總監。他們和藹可親的笑容吸引了我，當下我立刻跟老師簽約成為了窈窕佳人的一員！那天回家後，我馬上被家人責備，為何不多考慮、瞭解這間公司就簽約了呢？

　　但我心想，只要有決心，做就對了，為什麼要想那麼多？我也從來沒有後悔自己所做的決定。但一開始上班之後，真的遇到很多挫折，常常在沮喪時心想：「我真的有那麼差嗎？」也會羨慕其他夥伴領很高的薪水。這時，我總想到總監對我們說過的話：「要有勇氣設定自己的目標。」還有「『想』跟『要』是不一樣的，『想』

339

是在心裡想想而已，沒有行動力；『要』是真的一定要得到！」

　　所以，我鼓起勇氣設定了目標，對自己說：「明年的我也要領跟其他夥伴一樣的薪水。」終於，在一年的努力下，我也辦到了！第二年，我遇到了我的第二個貴人：麗紋店長。她給了我很多工作上的意見，也提拔我擔任副店長。

　　現在的我，朝著我的目標當上店長。感謝一路上栽培我、提拔我、給予我鼓勵的大家，沒有你們的開導跟幫忙，我想我是無法達成目標的。我的座右銘是「先學會愛自己，別人才會愛你」，而我在窈窕佳人裡，學會了愛自己，也獲得大家滿滿的愛。感謝窈窕佳人的夥伴陪著我一起成長！在我心裡，窈窕佳人也是「家人」，一個讓我的心充滿溫暖與感激的家。

麗 紋

新竹中央店　店長

進入窈窕，
人生新生

我 的 美 容 之 路

　　我的爸爸自營公司，媽媽在家裡經營家庭式美髮店兼家庭主婦，家中有三個女兒一個弟弟，我排行老三。因為爸爸工作繁忙，家裡所有的事情都是由媽媽打理。對於我的未來，媽媽早就幫我安排好了，升上高中時，媽媽説：「三個女生一定要有一個選美容美髮科。」

　　大姐選了會計，媽媽幫二姐選了護士。我有自己的想法，沒經過媽媽同意就跑去報名觀光科，回家被罵到臭頭，隔天又改回美容美髮科。求學的過程很順利，考上美髮、美容丙級證照。畢業後因為家裡是自營美髮業，因而很排斥美髮，所以我進入餐飲業任職，做了兩年覺得累，那段時間想不出自己到底還能做什麼？直到高中

同學建議我去台北學美容，於是 2001 年上了台北，就此展開我的美容生涯。

　　當助理真的很辛苦，孤身北上，人生地不熟，第二天我就打電話回家給媽媽，一把眼淚一把鼻涕地的哭，媽媽只回我一句話：「不然妳以為錢那麼好賺？」從那天起我不再打電話回家哭訴，我知道自己選擇的路要自己走完它。在前公司雖然很辛苦，但我學到為人處事，學會眼觀四面、耳聽八方。

　　從助理、美容師、一路爬到副店長。我知道自己要的不只是這樣，也因為一直等不到晉升機會，所以選擇離開。因緣際會下，2008 年進入窈窕佳人，由於先前我從事美容業已有七年的時間，所以對美容相對不陌生，也很有自己的想法，一度讓沂蓁總監想放棄我，因為太難帶。

勇於挑戰，克服困境

　　所幸總監沒有放棄我，覺得我是個可以培養的「將」，我很感謝執行長及總監沒放棄我，不斷給我機會與舞台，也給了我一個「家」。2010 年執行長問我有沒有意願跟他們一起努力拓店，也希望我能跟他們一起賺錢。我願意試試看，所以想盡辦法跟銀行借錢投資竹北店，就算家人反對，我還是想要為自己的未來努力。

　　這段時間我付出了相當多的時間和心力，不過一切都是值得

的，在短短的 10 個月店就回本，也讓自己的荷包滿滿；第二年又回一個本。我很感謝執行長和總監給我這個機會，不然我想我應該只能當一個「匠」吧！

在窈窕我經歷了二次人生最大的打擊，這樣的打擊讓我差點走不出來，感謝在這段時間執行長、總監及同事幾乎每天陪伴著我。也是因為有這些伙伴，讓我能在窈窕佳人一待就 13 年，讓我離不開這個家。

2016 年我答應執行長的邀約，到桃園拓點，因為有好多中壢、桃園的客人希望我們去展店。這些年我也不斷提升自己，例如考上美容乙級和完成大學學業。我相信只要有心，有夢想，有目標，機會就會留給準備好的人。回想這一路走來，正如同我的座右銘「愛自己所選擇，選擇自己所愛，人生轉彎處是另一個起點的開始。」

稚芳

新竹南大店　店長

窈窕佳人
的生命驚喜

生命的驚喜

　　回想 10 年前，我們一家剛從大陸回來，那時候的我，非常幸運可以進入「窈窕佳人」。這一路上，我從會計做到店長，生活是如此奇妙，充滿意想不到的驚喜，給予我們許多的機會，能改變人生；當機會來臨，我們就要勇敢把握。因為機會永遠都是留給準備好的人，再多的計劃都趕不上突如其來的變化。一切都掌握在自己手中，只要肯突破舊有的思考模式和框架，勇於挑戰，再加上每個當下全力以赴，就沒有不可能的事。

　　以我的年紀跟美容的資歷來說，實在是不成正比，但是我很珍惜這份得來不易的機會，感謝「窈窕佳人」創造我的價值。常常聽到有人說：「要創造被利用的價值。」說來容易，可是要如何創造

自己在職場上的價值？我相信大家都跟我一樣，充滿疑惑。回想當時，我的專長是會計相關職務，誰能想到，我能接下一間美容 SPA 的店長職務這麼大的一個挑戰？

　　而現在，我仍在大學進修，我的同學跟我的女兒一樣大，我也勇於接受這個挑戰，並樂在其中。一路走來，每一天都充實精彩的活，總覺得時間過得好快。從我一開始進公司，只有 4 家分店，慢慢地穩扎穩打，成長到現在，已經有了十多家分店。我們一路追隨執行長和總監的腳步，看著公司成長茁壯，心裡也覺得與有榮焉。

　　感謝店裡的夥伴與我一同成長、相互扶持，我也順利地在隔年考取了國家美容證照，證明人的能力是可以被激發出來的。也要感謝「窈窕佳人」有這麼棒的共好文化，可以帶領每一位員工朝著目標往前邁進。

 ## 言傳身教，潛移默化

　　我們的執行長很愛閱讀，所以也鼓勵店長們多讀書進修，我也受到執行長的潛移默化，再次進入校園。「以文化代替管理，以教育代替責備，以激勵代替要求」這是執行長對待我們的原則，同時執行長也樂於接受新事物、擁抱科技，讓店長們隨時與時俱進。

　　而總監是一個感性的女性，教導我們專注當下，永不放棄。她也時常鼓勵我們接觸不同的領域，尋找有興趣的東西，學習新的事

物，保持熱情和活力。讓我明白如何積極而不心急，儘管現在的我還是我，比起過去更加充實了，除了工作也同時進修，每一天都可以感覺到自己在成長，感受生活中的美好和欣喜。感謝執行長、總監給我們的環境是如此的友善。

　　我的座右銘是「活在當下做自己想做的事，任何時刻都可以重新開始，揮灑精彩。」Beat Yesterday，贏過昨天的自己，是我追隨的目標，我相信自己一定辦得到！

小軒

竹北科大店　店長

蛻變為
更「窈窕」的自己

齊心共好，創造佳績

　　進入窈窕佳人這個大家庭已經 12 年，想當初要來窈窕佳人之前非常害怕自己跳錯槽。花了 4 個月的時間看了窈窕佳人所有的網站、網頁、部落格等等，才鼓起勇氣到長春店面試。

　　面試時聽到公司有很棒的升遷管道，深深吸引了我，就決定要到公司上班。剛進窈窕佳人時完全不懂得互助合作，還一直停留在傳統觀念。因為之前的公司學姐學妹制非常嚴重，只要是新人要負責買飯、打掃和洗毛巾等雜事。

　　想當年進入第一間美容院，做客人的手技費非常低，業績幾乎等於零，因為客人全部都是早期學姐的終身會員，新人只負責消耗

課程，有業績也輪不到。第二家公司大同小異，搶客人和業績，店長也要做個人業績，不會有人幫你。

正因經過嚴格的磨練，手技才會紮實，更珍惜現在的一切。踏入美容產業改變了我的個性。我以前講話又嗆又酸，一針見血，不留顏面又倔強。進了窈窕這個大家庭，兩位理性兼感性的領導者，以共好文化、松鼠的精神、海狸的方式、野雁的天賦，加上老鷹的蛻變感化我們。讓我們在工作上目標明確，共同努力，創造佳績。

我都會跟新進人員說：「在窈窕佳人，你們有很大的舞台。」我本身就是最好的例子，雖然之前已有 4 年多的美容經驗，但進了窈窕佳人，以前的手法全數打掉重練。從美容師一路晉升到副店長、店長兼講師。很多人問我：「妳怎麼這麼厲害，可以當講師？」其實不是我厲害，而是公司給了我機會。機會來了不拒絕，竭盡所能，逼出自我的潛力，不斷的教學相長。

很多人會有職業倦怠，但進了窈窕佳人，好像沒時間讓你職業倦怠，因為每天都有學不完的東西。執行長經常講：「學習成本很貴，但無知的代價更高。」公司更不定時安排外面的講師來幫我們上課，讓大家知識滿滿。

 蛻變為窈窕輕盈，更美好的自己

當初剛進窈窕只有兩家分店，大家的感情很好不分彼此，互相

鼓舞，良性競爭；有歡笑淚水，真的就是家人姐妹。不管人生旅途遇到任何挫折，難過傷心時都有這些姐妹們陪伴度過，沒有這個大家庭，就沒有今天的我；就算天塌下來也還有執行長和總監撐著。

　　過去的我認為只要認真工作，靠雙手賺錢就餓不死，從沒想過讀大學。以前的老闆很怕員工進修後無心工作，而在窈窕不一樣，執行長一直鼓勵員工進修；因此我們三個同期的店長一起去進修在職專班，互相幫忙，互相督促，一起順利畢業。在這之前，我從來沒想過自己會擁有大學學歷。

　　近年來，我在工作上也是喜怒哀樂統統豐收，從失敗中認識自己缺點與缺失，學習身邊眾人的優點，隨時調整自己。萬事盡力而為，對人無愧於心，我還在努力學習中。

秀娟

桃園大業店　店長

窈窕人，
都是我家人

轉換跑道，進入窈窕

　　我是一個很金牛座的人，個性有一點點內向，和人之間的相處比較慢熟，可是只要熟了之後，就能看見我熱情真誠的一面。我來自「天府之國」——四川成都，現在也是兩個小孩的媽媽。雖然投身職場，但還是得負擔家務，身為職業婦女，很多時候往往忙到沒有自己的休閒時間。

　　在踏入美容行業之前，我做的是行政工作，那時候的我沒有任何目標與理想，渾渾噩噩的過了好幾年，薪水也始終維持在最低的水準。某年夏天，朋友跟我說她想要去學美容，找我跟她一起學。那時候的美容產業正處於鼎盛時期，薪水絕對是一般行業薪資的好幾倍。被朋友說服後，我抱著姑且嘗試的態度走進了補習班，

開始漫長的學習過程。

　　在踏入窈窕佳人這個大家庭之前，我待過兩間美容連鎖機構。因為身體健康出了一些狀況，因而離職，在家休養一陣子。記得2018年10月我到窈窕佳人大有店應徵美容師，按完電鈴就有一位長相可愛溫柔的人員幫我開門，坐下來交談的時候才得知她是店長。在交談中發現她是一位很nice的人，那個下午，我們相談甚歡；回到家後心裡默默決定要留下來試試看，就這樣我進入窈窕佳人，成為了窈窕的「家人」。

　　記得剛進店裡的三天後，就要去公司參加每月一次的月會，那是我第一次覺得參加公司會議沒有任何壓力，會議在執行長跟總監領導下，溫暖而愉悅的進行。如此和諧的氣氛，當下的我被深深感動。本來抱著姑且嘗試的心態，在那一刻瞬間轉變。在窈窕的共好文化下，每一位窈窕人就跟家人一樣，大家互相問候，為彼此加油打氣。

 感謝生命的驚喜

　　更讓我驚喜的是，沒想到我到窈窕不滿一年的時間，就擔任了店長這個職務。真的要感謝執行長跟總監的賞識，還有細心帶領我的AP店長。當然還有很多同事跟夥伴們幫忙，讓我可以堅持到現在。窈窕佳人真的是一個充滿愛與溫暖的地方。

回首來時路，經歷許多風雨，也經歷許多美好。生命總是充滿我們意想不到的驚喜，我從其他產業行政人員變成美容師，再成為了店長。有些人可能會因為過往的安逸而放棄成長的挑戰，也有些人認為現在就很好，不想突破。但我的座右銘是「昨天再好，也回不去。明天再難，也要抬頭繼續。」能成為窈窕佳人的員工我很榮幸。就在疫情蔓延的當下，不少行業都大受影響。未來的路會有些變化，但是我相信窈窕佳人在執行長與總監的領導下披荊斬棘，定能迎來更精彩的未來。

莉 婷

新竹竹科店　店長

再來一次，
我還是窈窕佳人

美容，是從小的志願

　　選擇進入美容產業，是我從小的志願。回想青春期的我滿臉痘痘，媽媽便帶我到百貨公司的專櫃做護膚，就是因為這樣讓我想從事美容產業，不但可以每天打扮得美美的，還可以賺到錢，真是太棒的工作了！這樣的想法烙印在我心裡，所以從高中開始，我選擇了美容美髮科，當時在學校裡有很多機會可以實習和操作演練，讓我在美容方面更堅定自己的選擇，對美容產業更有熱忱。

　　想當然畢業後，直接選擇了進入美容 SPA 服務，這一路上有好多願意栽培我的貴人，但是我很清楚自己想要的是什麼，我不想只是當一個工作的匠人。為了讓自己累積更多的經驗與資歷，因此我差不多每兩年就會換一個工作，雖然都是從事美容相關工作，但我

這樣的轉換對家人而言等同於工作不穩定。

　　直到我來到窈窕佳人，這裡讓我有想定下來的感覺，公司有非常完善的制度，以及完整的教育訓練，還有很棒的升遷管道；最重要的是，這裡的每個人就像是我的家人。執行長和總監就像我們的大家長，一起互相照顧。就連當初，外子的求婚也是在月會時完成。

　　很多女人婚後選擇以家庭為重，這時「工作」已經不是生活最主要的重心，所以只想找個朝九晚五，穩定上下班的工作，我也不例外，因此離職。由於在美容產業工作多年，認識不少同行的朋友，我一離職沒多久，就有位朋友找我去他的工作室幫忙，願意配合我的需求，讓我早早下班。離職的這兩年，執行長和總監不曾放棄我，分店店長也時常關心我的近況，希望我能夠回來。直到好朋友當上店長，急需人手幫忙；當時的我純粹是為了幫助他，所以又再次回來。

我的未來不是夢

　　窈窕佳人是我人生的轉捩點，感謝執行長和總監一直看好與認同我，不斷給予機會與鼓勵，讓我從最基層的美容師，慢慢升任到副店長。在這段過程中，我的想法與心態轉變了，從原本只想朝九晚五的工作心態，到現在獨當一面成為店長。感謝執行長和總監提供這麼棒的舞台，讓我可以發揮專長。

未來，我期許自己能把竹科店經營得有聲有色，才不辜負執行長和總監對我的提拔。轉眼間，經營竹科店六年了，在這幾年中，我也有很多的變化和成長。對我來說，當上店長不再是管好自己一個人就好，客戶的經營、美容師的溝通與成長……都是我最大的責任與挑戰。

　　感謝窈窕佳人擁有完整的體系，不管遇到什麼困難，我們都有堅強的後盾。追隨執行長和總監的腳步，保持不斷學習的心態。如同我的座右銘是「信念影響態度，態度影響行為」。人生的道路是自己創造出來的，相信未來的我能為竹科店創造出更好的成績。

惠卿
頭份尚順店　店長

甜美的
窈窕之路

想得再多不如做了再說

36 歲才轉換跑道,應該大多數人都會怯步,當時的我也是。在這之前,我的生活安逸,沒有負擔,但也沒有目標。某天,彷彿天使敲醒了我:「這樣過生活好嗎?」於是開始思考如果現在失業了,我還有什麼優勢?誰會要我?一連串的問題讓我開始緊張,心中有天使與惡魔在爭辯。

天使鼓勵我:「跳脫現況,看到的眼界會不一樣;人生很長,要勇敢挑戰不一樣的事。」惡魔勸我:「現在安逸生活最好,薪水不錯,若要重新再來,妳有這能耐嗎?」後來打醒我,讓我勇於去挑戰的,就是我的座右銘:「想是問題,做是答案。」牡羊座的我喜歡直接簡單,想得再多,不如做了再說。

　　面試那天的回憶依然鮮明，沂蓁總監的笑容讓我對老闆的印象改觀，她的親切溫暖，讓我的緊張感降低，安全感提升。面談後老師錄取了我，帶著愉悅的心情回家，跟媽媽分享。

　　雖然有點擔心，因為在學習階段的學習津貼不多，所以我和跟媽媽商量，前三個月無法拿錢回家可以嗎？在媽媽的支持下，我告訴自己一定要在第四個月順利結束助理階段，可以服務客人，開始賺錢。

　　面試時，沂蓁總監給我第一個任務：「未來妳是尚順店的接班人，妳要擔任店長。」這句話有壓力，有認同，更有鼓勵，我必須完成任務。感謝家人的支持，讓我沒有負擔壓力，可以放心在窈窕佳人埋頭苦幹向上衝刺。

 甜蜜的任務，美麗的挑戰

　　在助理美容師階段，從折面紙學起，夥伴們互相交流技術，陪伴我升上副店長，過程中有苦有甜，都要感謝夥伴們，還有溫暖包容的老師陪伴著我。老師給我很好的舞台發揮，其實壓力很大；畢竟我年紀稍長，學習速度得要比別人更快。

　　老師曾說她都把每一位夥伴當作人才，所以會不斷丟東西給我們，她就知道我們的能力在哪裡。所以當我獲派任務，從不拒絕，勇於挑戰，也考驗我的能力行不行，知道自己還有很多需要學習精

進之處。也常聽到各位店長的成就及各位美容師的榮譽，都讓我效法。

身為店長，體會更深。甜蜜的是執行長和老師都把我們當作家人，始終關心和尊重我們，給店長們很大的空間發揮；就像「自由是建築在自律之上」，以鼓勵代替責罵。苦的當然是帶店的壓力，但我將吃苦當作吃補，職務的轉變讓我的眼界不一樣，脾氣和耐性變好，待人接物更圓融。

感謝執行長和老師看中我，一路走來秉持著窈窕文化前進，謝謝窈窕成就現在的我，得以回饋身邊的人。我將繼續跟隨執行長和老師的腳步，帶領尚順夥伴們一起實踐夢想，我們一定辦得到，交出漂亮的成績單，不枉費執行長老師的用心栽培。

靖樺

桃園蘆竹店　店長

共創美好
的窈窕之路

美容是我最熱愛的事業

　　從小我就愛漂亮，所以對於美容抱著很大的熱忱。小時候常跟著祖母進出美容院，看著祖母做頭髮、做臉、修指甲等等，造就我對美容的喜愛。進入社會後第一份工作就是進入美容產業，從最基層的助理開始做起，一路上遇到許多的貴人，讓我感恩在心。

　　記得當時在台北受訓三個禮拜，考核通過後分發到彰化，之後每三個月就要調點，台北、新竹、台中、彰化……來來回回跑了三、四年，厭倦居無定所的生活，於是我離職了。但我非常感謝教導我的每位老師、店長和同事讓我磨練成長。

　　有了先前的經驗累積，第二份工作得心應手，第二個月我就晉

升主管，當時我才 23 歲左右，我帶的點是忠孝旗艦店，每個月店業績三、四百萬；也是我從事美容業最輝煌的時期。感謝那時公司每三個月外聘講師，讓主管提升和充電。我很幸運遇上好的老闆、導師和同事。

婚後回到新竹，轉換跑道，進入保養品專櫃，一站就是 10 年，也擔任管理職。之後就遇見了我的「真愛」——窈窕佳人。第一次見到面試主管王瑞揚執行長，他威嚴又不失幽默的面試方式，令我印象深刻。

因為之前工作經歷的累積，所以一進公司就擔任主管，經過幾個月的培訓後，正式晉升為蘆竹店店長。培訓期間，由林沂蓁教育總監親自教導，她非常親切，完全沒有架子，萬事親力親為，這是我前所未見的。

 ## 虛心學習，從零開始

來到窈窕，一切歸零，從頭開始學習，才能融入窈窕文化。從洗臉到按摩，每個動作細節，老師要求一致，每天都要看教學影片，讓自己能跟影片中的手法一模一樣，才能完美傳承。

之所以選擇窈窕佳人，是因為執行長與總監給我一個發揮的舞台，有別於其他的美容機構，沒有咄咄逼人交業績，一天兩通電話的催促業績；做得好是應該的，做不好就懲罰的管理模式，讓我出

乎意料。窈窕佳人遵循的是對店長的責任管理，所以我再也不會每天接到主管的兩通電話，也不用每天想著如何應付我的老闆。我可以把心思都放在店務管理，更有時間與夥伴開會，研討如何讓業績提升等等。這樣的管理模式，讓我看到每位店長都是盡心盡力的打拚，我們是一個大家庭。

　　感謝窈窕文化與迷人的福利，我們具有完善教育訓練、制度與規章，更有吸引人的員工福利、大大小小的獎金獎勵，員工還能自由入股；既安心又有保障。我很慶幸能進入這麼好的公司，也感謝曾經幫助過我的人，更謝謝執行長和總監對我的信任與支持。讓我在窈窕看得到未來，公司不斷創新，讓我們走在美容產業的尖端，歡迎妳加入窈窕的大家庭。人生只有走出來的美麗，沒有等出來的輝煌。

雅芸

竹北安興店　店長

窈窕佳人
是我最強大的後盾

我 的 創 業 之 路

　　從事按摩業多年的我，5 年前和我的好友兼夥伴，同時也是現在的長春店店長——雅妃，兩人因為想創業當自己的老闆，於是因緣際會下，一起合夥開了一家小型 SPA 館。創業維艱，再加上我們都是第一次開店，沒有經驗，所以廣告、行銷、宣傳都要自己來，每天忙得不可開交。

　　當我們的店漸漸上了軌道後，就要開始想方設法增加客源。所以我們在美容、美睫和紋繡的技術上，都花了不少時間和金錢進修，精進能力。自己開店當老闆的壓力很大，不管大事小事，我們都得親力親為；所以就連假日和過年，也都不太敢休假，深怕漏掉任何一個客人。

看別人開店好像很容易，只有當自己開店才會知道，真的沒那麼簡單！好不容易經營一年多下來，累積了不少客人，生意也還算穩定，但我卻在這個時候懷孕了！雖然後來我們的營業項目不只按摩SPA，但按摩仍占業績收入的主要來源，在我懷孕待產的期間也曾想過找人、應徵學徒，但一直都找不到合適的人選。

慢慢的客人流失，收入減少，接著雅妃也準備要結婚了，我們討論著這家店的未來該何去何從？未來如果雅妃也懷孕了，以我們的狀況，還有辦法繼續經營嗎？而有了家庭和小孩的我們，還能像現在這樣，一整天都待在店裡，事必躬親嗎？最後，我們不得已只好做出心痛的決定——頂讓。

頂讓期間，執行長和總監找上了我們，其實過程中我只記得執行長對我和雅妃說的一句話：「我看上的不是這家店，而是兩位的實力。」他對我們說，他會成為我們最強大的後盾，不管我們需要任何資源都不用擔心；我們儘管放心結婚生子，只要我們願意留下來協助他，加入窈窕佳人，他會成為我們的貴人。

 有團隊，好幸福

就這樣半信半疑下，我們加入了窈窕，誕生了窈窕佳人交大店，在我生小孩期間人手不足，總監安排分店的惠卿店長和其他美容師前來支援，這讓我們吃了定心丸，其間雖然有些摩擦，但也因此更瞭解窈窕的文化，原來從前的我們單打獨鬥是那樣的辛苦，有

團隊的支持和鼓勵真的可以輕鬆好多。

　　現在我也在竹北開了窈窕佳人安興店，有了交大店的經驗，安興店創辦起來雖然辛苦，但相對來說得心應手。我想藉由這個機會，好好謝謝我的貴人：總監和執行長，謝謝你們的信任，才能成就今天的我，未來我期許自己能帶領安興店創造更美好的將來。

惠芳
新竹高鐵店　店長

相信才能遇見夢想，窈窕佳人給我舞台

方向永遠比努力重要

因為不想有聯考升學壓力，所以選擇了職業學校。我很幸運職校 3 年遇到非常好的老師，啟發了我對美容工作的興趣。畢業後順利從事美容行業，很感謝我的啟蒙老師（也是我的老闆），從學徒到美容師到店長，在那 4 年多的日子裡，不僅學會了一技之長，還增長了許多的知識，豐富了我的專業，讓我更加喜愛這份工作。

工作中最棒的是：「開始時你絕對不知道自己將會從中學習到什麼。」因時代變遷，傳統美容行業轉型到芳療 SPA，使這個工作領域的發展潛力更加開闊了。有大型 SPA 館後，我進入了頗有規模的 SPA 館工作，更精進了我的專業知識，就這樣待了快 7 年的時間，也創造了人生非常輝煌的時代。

365

　　我是一個喜歡學習的人，常有不進則退的想法，當每天重複一樣的事沒有成長與進步的空間時，就會出現工作倦怠的無力感，這時候我開始準備邁向下一個階段。

🌿 一個階段的結束是另一個階段的開始

　　離開 SPA 行業後，我投入 21 世紀綠色產業中興起的「頭皮養護」行業。我發現頭皮、皮膚還有身體保養非常類似，很快就得心應手，也因有 SPA 芳療的經驗，很短時間就升遷為主管。有天接到當時老闆的電話，需要我接待一位貴賓，這位貴賓就是窈窕佳人的王執行長，因此跟王執行長和沂蓁總監有了進一步的互動，原來窈窕佳人正想拓展頭皮養護市場，緣份真的很奇妙，我又回到窈窕佳人繼續 SPA 的工作。

　　公司一直在規劃頭皮養護的市場，我就自告奮勇跟店長提起：「何不試試店中店的方式，我們來做一個挑戰，發揮另一項專業『從頭開始』。」

　　夢想不是遇見了才相信，而是相信了才會遇見，堅持就是勝利。現在，頭皮養護有了自己的品牌——「窈窕然髮」。在窈窕，只要你肯你能你願意，公司絕對會給你舞台。我很感謝總監要我回來，也感謝執行長給我的舞台，窈窕佳人燃起我的夢想，小燕姐說：「持之以恆的興趣，才是你可以捧牢的鐵飯碗。」我很幸運，我是 Betty Tsai ！

小羿

總管理處　行政副理

我在窈窕佳人，
找到最好的自己

曲折的職涯之路

就讀資訊管理科系畢業的我，在就業時很多人都認為，可以到竹科工作，成為年薪百萬的工程師。

但我因為害怕整天在電腦前寫程式的乏味感，所以不但沒有成為年薪百萬的工程師，還一年換一個工作，而且每個產業都毫無關聯，例如安親班老師、會計人員、技術員，我就像體驗人生一樣，在不同的產業中虛耗光陰。

回想當時，剛畢業的我，前途茫茫，不知道自己的未來在哪裡，在 23 歲時，我深深體悟到自己不能再這樣虛度下去了，應該要學習一技之長。思考後覺得學習美容技術應該很不錯，這是我第一個

鎖定的目標。

　　很慶幸在我接觸美容產業時，就遇到了窈窕佳人。當時的我從來沒有做過臉，也沒有做過身體按摩，就這樣踏進美容產業；因此我的學習力比同期的新人來得更慢，也付出加倍的努力。

　　記得新進公司最先學習的就是頭部按摩、肩頸手按摩、電話接聽和接待等。光是最基本的頸手按摩，我就學了一個月。當時公司的教育制度還沒有 SOP 及教學的文件，都是經驗傳承，A 學姐教一套、B 學姐教一套、C 學姐教一套……光是手部按摩，我就學了三套。

　　新進人員要通過考核才可以進現場開始服務客人，還記得我考核第三次時，還是沒有通過。當下我就哭了，覺得自己怎麼那麼笨？為什麼每天練習還是考不過？不過我沒有因此被打倒，繼續堅持每天練習，學姐忙客人時，就站在一旁協助，同時學習學姐如何服務客人，每天下班回家都覺得腿要廢掉了。

 ## 找到生命最好的出口

　　現在的新進人員很幸福，不用像我當時花那麼長的時間學習，公司教育訓練已建構出完整的 SOP、教學影片。手法統一，只要按照 SOP 和教學影片，一步一步的前進，學習更快速，更易上手，更早能進現場服務。

　　在窈窕，我也學習到為自己負責，訂定目標，不論是工作業績的每月目標，還是生活中對自己的目標，不再對未來沒有方向，一切掌握在自己手中。窈窕佳人經營這麼多年，我應該是第一位也是唯一一位離職又回來三次的人，很謝謝公司執行長、總監還有帶領我的麗紋店長，一再讓我「回家」。

　　在窈窕，每位夥伴都像家人一樣，在我人生低潮時給我大大的擁抱及鼓勵，知道我想往教育訓練發展，也給了我發揮的舞台。現在我是公司的教育講師及行政副理，身分角色的不同，承擔的責任也不同。現在的世代變化很快，公司進步的腳步也跟著加快，得時時提醒自己不斷學習，不斷精進，跟著公司進步的腳步向前行。妳也像以前的我，那麼茫然沮喪嗎？只要我們不輕易向命運低頭，生命總會找到出口；就像我在窈窕佳人找到最好的出口。

・ 總 公 司 辦 公 環 境 ・

03-5717877 / 新竹市東區建中路15

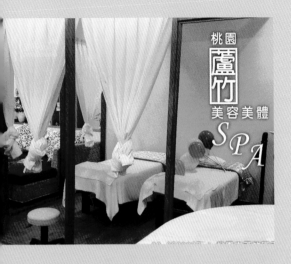

21世紀最珍稀的保養成份—法國頂級海茴香

海茴香生長在純淨無污染的法國布列塔尼海岸,

有著獨特的生命系統來吸收海岸間的養份及面對嚴苛的陸地環境。

海茴香的生長季節僅限於春季, 每10公斤的海茴香經由萃取,

只能得到1公克的植物類幹細胞,

所以海茴香也被法國人列為限制開採的國寶級植物,

而手工摘取、生長不易與限量採收的特性, 更被喻為「21世紀最珍稀的保養成份

海洋能量保濕系列

乾燥敏感的天氣讓肌膚超級敏感,

肌膚缺水程度有如鬧旱災的土壤, 暗沉、細紋一一現身。

想讓肌膚看起來比同年齡層的人看起來更保濕、更年輕

藍海中的鑽石—《海洋能量保溼系列》

萃取自法國國寶植物海茴香, 提升肌膚對環境傷害的保護

舒緩肌膚不適感, 撫平細紋及改善黑色素、老化現象,

使肌膚健康有光澤、緊緻有彈性。

《海洋能量保濕系列》
海洋能量保濕露/120ml ｜海洋能量保濕乳/120ml ｜海洋能量保濕面霜/50ml
海洋能量保濕黑面膜/6片/盒 ｜海洋能量保濕精華液/10ml×5支

立即掃描QR code
獲得乙片面膜

Sea Fennel

窈窕佳人
人體美學
美容美體SPA生活館

─親切的服務─
──感動的品質─

桃園區
大業店 03-3267977　蘆竹店 03-3526977

大新竹地區
長春店 03-5785777　竹北店 03-6577577
建中店 03-5717877　中央店 03-5357787
南大店 03-5619688　科大店 03-6572277
竹科店 03-5670277　安興店 03-6589057

頭份市
尚順店 037-676977

總管理處(0800-660-877) 新竹市公道五路二段83號4樓之1
窈窕佳人官網：http://www.dayspa.tw/

健康美麗・從頭開始

結合植物、精油、健康生活，
打造頭皮健康環境，使身體能量平衡。
專業AI智能頭皮養護中心，健康舒適的環境，
讓您可以放鬆享受、舒緩壓力。

大新竹地區

高鐵店 03-5505687
新竹縣竹北市嘉豐六路二段13號

新品上市

純植物性頭皮養護髮魔・日本最新研發技術

◎10分鐘即可瞬間清潔頭皮、滋養頭皮、強韌髮根、並在髮絲形成一層
　保護膜，使用後頭皮感覺清爽無比、髮根強勁有力、髮絲光澤滑順。

◎適合有漂染燙後髮質受損、髮質乾燥分岔、髮根崩塌、掉髮嚴重、頭皮
　發癢、頭皮屑困擾者使用，長期使用可使頭髮柔順有光澤，呈現有生命
　力的秀髮。

◎特別是植物性無化學成份，【孕婦、年長者、皮膚較敏感脆弱者】
　均可使用。

植萃髮魔-咖啡黑
NATURAL PLANT EXTRACT & SCALP CARE

零售價　$3650
會員價　$2800

植萃髮魔-咖啡黑【純植物性頭皮養護髮魔調理包】(40g)x3包
搖搖瓶x1瓶、調和保濕水(100ml)x1瓶、浴帽x3頂
手套x3雙、中文說明書x1份

FISME
原產地認證書

JAMIAT ULAMA-I-HIND
清真認證

Certification & Inspection
ISO 9001:2015
證書

ECOCERT
歐洲有機認證

日本研發專利技術・印度原料契作農場・取得多項國際認證

窈窕佳人總管理處

八倍淨膚 水渦漩

請問『水渦漩』是一種什麼樣子的技術？

功效一
☑ 八倍淨白

功效三
☑ 粉刺OUT

功效二
☑ 高度保濕

功效四
☑ 輪廓拉提

◎非侵入性：一班美容師即可操作
◎無修護期：課程後可上班、上妝
◎操作簡單：無須繁瑣的操作手法
◎敏感肌膚也適用：是用客群廣泛

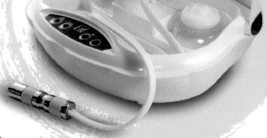

■ 魔塑-518 極限 ╳ 體雕儀 【回客率超強機款】

強力打擊
・蝴蝶袖　・大象腿
・水桶腰　・西瓜臀

三指探頭 + 多指探頭 + 深層按摩頭

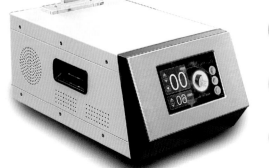

特點 *1*：非侵入性課程！

特點 *2*：無任何副作用！

特點 *3*：安全快速有效！

雅絜國際有限公司
NEW YJ INTERNATIONAL LTD
台北市寧波西街99號1樓
TEL：+ 886 2 23035822

雅絜
官方
網站

雅絜
官方
商城

雅絜
官方
粉

您的最佳合作夥伴
六大困擾我來解

AI智能
頭皮/膚質檢測一體機

專業能力不足?

「美容護理師/頭皮管理師」不夠專業難以勝任,再下血本怎能行

歐蘿琳檢測系統直接分析顧客的肌膚/頭皮狀況,大幅降低錯判率,分析結果與說明直接顯示於平板,專業知識不用背。

人員流動率高?

砸錢培訓人又跑,成本回收困難

系統內蒐羅相關專業知識,只要時間允許隨時都能學習,就算完全不會的新人,只要跟著介面上顯示的步驟做,也能做到專業的服務。

護理及商品未整合?

系列商品眾多,搞不清該如何推薦,難道只能亂槍打鳥

將商品、療程直接建置於後台,系統會根據檢測結果推薦療項目與商品,數據直接幫您說話,能有效提升顧客的信賴感,項目再多也不怕。

檢測設備昂貴?

買到昂貴的設備不打緊,系統不再更新與維護,淪為廢鐵更心疼

CP值最高的檢測系統在「堅兵」,我們持續研發、不斷修正與更新,致力於帶領美容、美髮業者走向新世代。我們的用心與努力,絕對讓您物超所值。

單機無法連線?

所有檢測資料都存在設備裡,儀器設備一當機,所有努力全歸零

網路科技時代來臨,所有資料雲端化,檢測紀錄跟著帳號走,換台機器資料也不會遺失。嚴密的網路安全防護措施層層把關,個人隱私的保障絕不懈怠。

設備操作不易?

專業設備太專業,門外漢看不懂,心好慌、頭好疼

視覺理解,容易上手,操作盡在彈指間!只要會使用手機與平板,很快就能對我們的檢測系統瞭如指掌。

功能與特色

專屬帳號
雲端備份、資料同步

全面網路雲端化,活動資訊、商品、療程在後台上更新後,所有的設備在連網的同時也會同步更換,讓您行銷推廣、教育訓練零時差。

分析對比
掌握科技潮流技術:機器學習、互聯網

以大數據為分析基礎,透過人工智慧與雲端運算技術,科學地展現肌膚/頭皮問題與護理效果。

檢測項目
持續研發不間斷,檢測項目持續增加

因斷髮(髮徑異常)或落髮(髮量異常)造成的禿頭,護理方式並不相同,因此,檢測項目要細分。除此之外,我們持續研發新的檢測項目,讓這套檢測系統更加完善。

報告推送
讓受測者帶走檢測報告

掃描 QR code 系統將發送該筆檢測報告至手機。

選購推薦
客製化推薦、貼心建議

依檢測結果推薦適合的商品與療程,同時給予保養建議,搭配首頁的廣告推播功能讓銷售更有效率。

硬體設備
專業光源切換、倍率放大鏡頭

專業光源切換能深入表皮、觀察真皮層,再透過科學技術對肌膚/頭皮放大的圖像進行分析,讓肌膚/頭皮問題原形畢露。

堅兵智能科技股份有限公司
Sentra Smart Technology Inc.

HUring
歐蘿琳

地址 | 台北市士林區承德路四段182號6樓
電話 | 02-8861-5688

掃描了解更多

2022 聖緹雅醫療集團
——— 開啟醫美健康新戰略

從台北發跡，早期憑靠著聖緹雅醫美皮膚科、整形外科二家診所，成功為聖緹雅高品質的市場差異打下扎實的基礎。多年來，薛博仁醫師率領集團朝向全新醫美及健康管理之路邁進，旗下陸續創立台中聖緹雅時尚診所、聖諦亞健康管理診所，以及2022在新竹開啟新指標的「聖緹雅美學診所–新竹旗艦館」。

聖緹雅醫美皮膚科診所
- 台北市仁愛路四段107號6、13樓
- 02-2775-5680

聖緹雅時尚診所
- 台中市市政北七路171號
- 04-2255-8787

聖諦亞健康管理診所
- 台北市仁愛路四段109號3樓
- 02-2781-8886

聖緹雅美學診所–新竹旗
- 新竹市關新路200號

【渠成文化】CEO 圖書室 001

愛美是門好生意
獻給小資女的百萬創業寶典

作　　　者	王瑞揚、林沂蓁
圖書策劃	匠心文創
發 行 人	陳錦德
出版總監	柯延婷
採訪主筆	唐茲蓮
編審校對	蔡青容
校對協力	詹董葶
封面協力	L.MIU Design
內頁編排	邱惠儀
E-mail	cxwc0801@gmail.com
網　　　址	https://www.facebook.com/CXWC0801
總 代 理	旭昇圖書有限公司
地　　　址	新北市中和區中山路二段 352 號 2 樓
電　　　話	02-2245-1480（代表號）
印　　　製	鴻霖印刷傳媒股份有限公司
定　　　價	新台幣 450 元
初版一刷	2022 年 5 月

ISBN 978-626-95075-6-6

國家圖書館出版品預行編目（CIP）資料

愛美是門好生意：獻給小資女的百萬創業寶典 /
王瑞揚、林沂蓁著. -- 初版. -- 臺北市：匠心文化
創意行銷, 2022.05
　　面；　公分.
ISBN 978-626-95075-6-6（平裝）

1. CST：創業 2. CST：職場成功法

494.1　　　　　　　　　　　　　　111005504